JN083727

イラレ職人コロが教える

飾りのデザイン

Illustrator のアイデア

イラレ職人コロ

MdN エムディエヌコーポレーション
books.MdN.co.jp

Adobe、IllustratorはAdobe Inc.の米国ならびに他の国における商標または登録商標です。
その他、本書に掲載した会社名、プログラム名、システム名などは一般に各社の商標または登録商標です。本文中では™、® は明記していません。
本書のプログラムを含むすべての内容は、著作権法上の保護を受けています。著者、出版社の許諾を得ずに、無断で複写、複製することは禁じられています。
本書は2021年10月現在の情報を元に執筆されたものです。これ以降の仕様等の変更によっては、記載された内容と事実が異なる場合があります。
著者、株式会社エムディエヌコーポレーションは、本書に掲載した内容によって生じたいかなる損害に一切の責任を負いかねます。あらかじめご了承ください。

はじめに

「Illustratorでちょっとした飾りを作れるようになりたい」そんなときに頼りになる本を目指して執筆しました。

本書では幅広いデザインで使える定番な飾りの作り方をご紹介しています。ペンツールなど操作の慣れが必要なものはできるだけ避けて、さまざまな便利ツールの力で効率よく誰でも再現できる手順になるよう工夫しています。

また、ちょっとした応用ができるようにアドバイスも充実させたので、作例そのままではなく自分好みのアレンジにも挑戦してみてください。

時短をしたいデザイナーやイラストレーターはもちろん、Illustratorに不慣れな企業の広報担当やSNSで発信している方たちの助けになることができれば幸いです。

イラレ職人コロ

作業をはじめる前に ─── 010
本書の使い方 ─── 012

CHAPTER

1

イラスト

まばゆいキラキラ星 ─── 014

可愛いぷっくりハート ─── 016

便利な矢印カーソル ─── 018

シャープな雷アイコン ─── 020

風にゆれるフラッグ ─── 022

Wi-Fiマーク ─── 026

ピン！ひらめきアイコン ─── 030

ランダムなマスキングテープ ─── 032

滑らかな曲線のゼムクリップ ─── 036

キュートなねじり梅 ─── 040

可憐な桜の花 ─── 044

よくできましたスタンプ ─── 046

アンティークな歯車 ─── 050

和風には欠かせない工霞 ─── 052

ビビッドなマップピン ─── 054

フチ線がついた地図 ─── 056

ピカッと光る電球 ─── 058

［COLUMN］チュートリアルは暗記しなくていい ─── 062

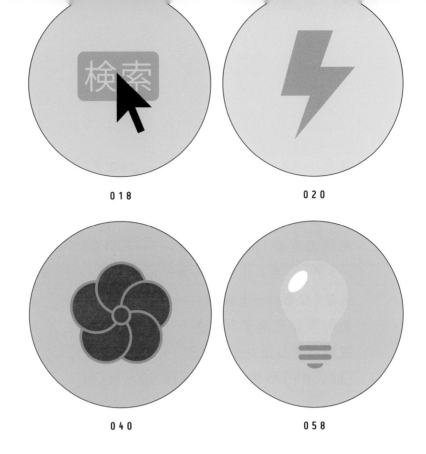

018

020

040

058

CHAPTER

パターン

輝きのサンバースト ——— 064

魅惑のマーブリング ——— 066

おしゃれ斜めトリコロール ——— 068

シンプルな市松文様 ——— 072

スタイリッシュな鱗文様 ——— 076

賢そうな方眼紙パターン ——— 078

定番のギンガムチェック ——— 080

幅広く活躍！ヘリンボーン ——— 084

シェブロンストライプ ——— 086

ハイカラな矢絣文様 ——— 088

縁起の良い七宝文様 ——— 090

波打つ青海波文様 ——— 094

エキゾチックなモロッカン柄 ——— 098

和柄の定番!麻の葉文様 ——— 102

トラディショナルなアーガイル柄 ——— 106

大きくなるハート模様 ——— 110

幾何学な三角モザイク ——— 114

複雑なポリゴンモザイク ——— 118

[COLUMN]パターンを中心に揃えたい! ——— 120

068

080

094

106

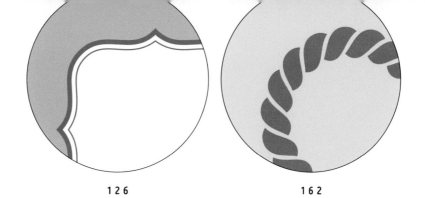

126   162

CHAPTER

フレーム

シックな内側角丸フレーム —— 122

小粋な二角丸フレーム —— 124

クラシカルな曲線フレーム —— 126

伸ばせるボーダーライン —— 130

王道の切手フレーム —— 132

モコモコした雲フレーム —— 134

穴あきメモ帳フレーム —— 136

繊細なレースコースター —— 140

文字にピッタリ揃う原稿用紙枠 —— 142

パンクな爆弾フキダシ —— 146

漫画風のコマ割り —— 150

しっぽが動くフキダシ —— 152

ポップなフラッグガーランド —— 156

放射状の太陽フレーム —— 158

三つ打ちロープフレーム —— 162

お洒落リボンフレーム —— 166

月桂樹の冠フレーム —— 170

[COLUMN]イラレの機能を覚えきれない！—— 174

タイポ＆ロゴ

Adobe Fontsを使おう ——— 176

スマートな反転文字 ——— 178

かわいい版ズレ文字 ——— 180

衝撃的なオノマトペ ——— 182

濃い光彩で印象的な文字 ——— 184

味のある版画風文字 ——— 186

都会的な影付きロゴ ——— 190

勢いよく飛び出すロゴ ——— 192

インパクトのある3D文字 ——— 196

抜け感のある手書き風文字 ——— 200

元気なラクガキ文字 ——— 204

発光するネオンサイン ——— 208

プールに浮かぶ文字バルーン ——— 212

目をひくアメコミ文字 ——— 216

［COLUMN］アピアランスをコピーしたい ——— 220

184　　　　　196

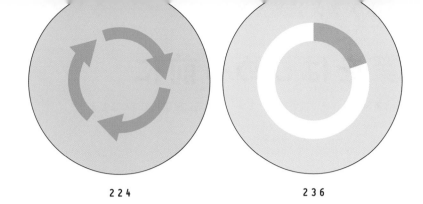

224　　　　　　236

CHAPTER

5 インフォグラフィック

プレゼン資料で活躍！ベン図 ——— 222
シンプルなサイクル図 ——— 224
かんたん棒グラフ ——— 228
伸びるイラスト棒グラフ ——— 230
かんたん円グラフ ——— 234
修正が楽なドーナツグラフ ——— 236
イラストのバーゲージ ——— 238
グラフツールのきほん ——— 240
［COLUMN］イラレの勉強ってどうやるの？ ——— 244

ツールガイド ——— 246
よくあるトラブルについて ——— 248
Illustrator INDEX／用語索引 ——— 250
著者プロフィール ——— 256

作業をはじめる前に

本書での作業環境について説明しています。作業前に確認して進めましょう。

ツールバーの切り替えはここから

要CHECK!

1 ツールバーの設定は「詳細」にしてください

画面左の各種ツールが表示されている「ツールバー」は、デフォルトでは簡易版の「基本」になっています。本書ではよりたくさんのツールが表示されている「詳細」を使用しますので、画面上のメニューバーから「ウィンドウ」を開き、「ツールバー」の中から「詳細」を選択してください。

なお、ツールバーは左上の「＞＞」をクリックすることで、アイコンを1列と2列に切り替えできます。どちらでも良いですが、本書では2列の方を使用します。

1列表示 → 2列表示

要CHECK! 2 メニューバーの表記について

-50%から-90%の間からお好みでどうぞ

効果>パスの変形>パンク・膨張を、-60％程度で適用。 ヒント

本書では画面上の「メニューバー」や「ウィンドウ」内の各種パネルについて、上図のように表記しています。黄色マークの部分は「メニューバー」の「効果」から「パスの変形」の中にある「パンク・膨張」をクリックするという意味です。

要CHECK! 3 カラーモードはRGBで説明しています

本書はRGBでの制作が前提です。もちろんCMYKでも制作できますが、数値の単位や効果の解像度に違いがあるので注意してください。

要CHECK! 4 「スマートガイド」をチェックしてください

本書の制作手順は、「スマートガイド」がチェックされている前提です。メニューバーの「表示」から「スマートガイド」にチェックが入っているかを確認してください（詳しくはP023参照）。

要CHECK! 5 ツールの場所がわからなくなったら

本書で使用しているツールバーの各ツールの場所は、P246の「ツールガイド」にて図説しています。また、それ以外のツールについても、P250の索引からどのページで使用されているか確認できるので活用してください。

本書の使い方

制作手順 1 から順番に読み進めてください。

ショートカットキー

キーボードから入力すると使用している
ツールをすばやく呼び出せます。よく使
うツールは覚えておくと良いでしょう。

`Shift` + `M`

「Sfift」と「M」を同時に押す。

`Option(Alt)` ・ `⌘(Ctrl)`

MacとWindowsでキーが異なる場合の
表記で、( )内がWindowsのキーです。

ヒント

わかりにくい部分に対する補足説明です。
本文のヒントアイコンと連動しています。

ヒントアイコン

ヒント アイコンがついている場合、表示さ
れているページ内の「ヒント」を確認し
てください。

参考動画

レシピによっては作業内容を動画で見る
ことができます。QRコードで読み取り
参考にしてください。

ツールの場所が
わからない場合

ツール名だけではどこにあるかわからな
い場合、P246の「ツールガイド」で確認
してください。

ツールの使い方が
わからない場合

それ以前のページで使い方を解説してい
る場合があります。P250の索引からツ
ール名で探してください。

CHAPTER

イラスト

デザインだけではなく、プレゼン資料や
企画書制作にも多く利用されるイラスト素材。
Illustratorの便利なツールを利用すれば、
初心者でもおしゃれなパーツが手軽に作れます。
この章では、イラストアイデアと
時短テクニックについて紹介します。

トゲの太さも
調整できる!

01

まばゆいキラキラ星

きれいな曲線をペンツールで描くのは練習が必要ですが、
「効果」ならイラレ初心者でも美しい線を描けます。
効果を使った描画の練習をしてみましょう。

楕円形ツールで、少し縦長の楕円を描く。

効果＞パスの変形＞パンク・膨張を、-60％程度で適用。 ヒント

オブジェクト＞アピアランスを分割で、パスに変換して完成。

ヒント　パンク・膨張

オブジェクトを選択した状態で、効果＞パスの変形＞パンク・膨張をクリックすると、右図の画面が開きます。スライダーを左右に動かすか、右の欄に数値を入力して設定ができます。

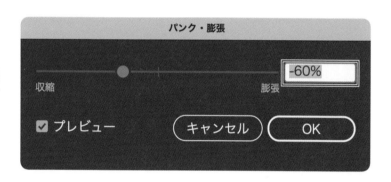

（オマケ）

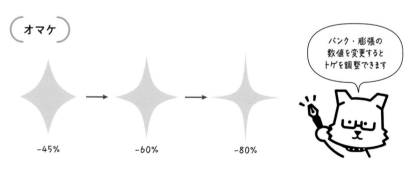

-45%   -60%   -80%

パンク・膨張の数値を変更するとトゲを調整できます

RECIPE

02

可愛いぷっくりハート

線パネルの「線端」は、線の先の形を設定する機能ですが、
それを活用することで驚くほど簡単にハートが描けます。

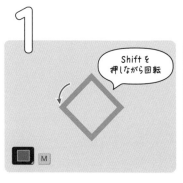

長方形ツールで、線のみの正方形を描き、45度回転させる。

ダイレクト選択ツールで、頂点のアンカーポイントを削除。

線パネルから、線端を「丸型線端」に変更する。 ヒント

線幅を太くする。

効果＞ワープ＞絞り込みを、水平方向にカーブ-30程度で適用。

オブジェクト＞パス＞パスのアウトラインで、パス化して完成。

ヒント　線パネル>線端の設定

線端は線の切れ目の形状を変更する設定です。「丸型線端」にすることで、切れ目を円形にできます。線幅に合わせて線端の円も大きくなっていくため、線と円を滑らかにつなげたいときに便利です。

RECIPE

03

便利な矢印カーソル

図説などで欠かせない「矢印」は、自分で作成しなくても
線パネルから設定できます。非常に便利な機能なので、
ぜひマスターしましょう。

直線ツールで、上から下へ向かって短めの垂直線を描く。

線を選択し、線パネルの左側の矢印を「矢印5」に変更。 ヒント

矢印の左の倍率を、70％程度に下げてバランスを整える。 ヒント

オブジェクト＞パス＞パスのアウトラインを適用。

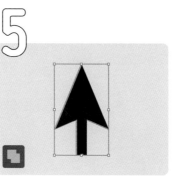

パスファインダー＞合体で、パスを結合。

矢印を回転させて完成。

ヒント　矢印の設定

線パネルの矢印という項目から、線の先にさまざまな形状の矢印を設定することができます。

矢印は左右で2つあり、左側が始点（パスを描き始めた点）で、右側が終点（パスを描き終えた点）となり、それぞれに設定できます。

倍率は線幅に対しての矢印の大きさの設定で、線幅が太くなればそれに比例して矢印も大きくなります。

04

シャープな雷アイコン

斜めに傾いた図形をつくりたいときは、
まず傾いていない状態を描き、その後に「シアー」を使って
斜めに変形すると簡単です。

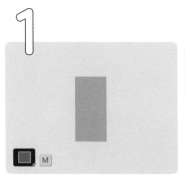

長方形ツールで、縦長の長方形を描く。

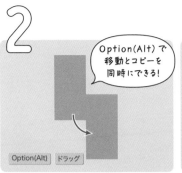

長方形を、辺が接するように右下へ移動コピー。

コピーした長方形を選択し、ペンツールで右下のアンカーを削除。

左の長方形の高さを、少しだけ縮小する。

ダイレクト選択ツールで、左下のアンカーポイントを少し右へ移動。

完成

全選択し、変形パネルのシアーを20度程度にして完成。 ヒント

ヒント 　変形パネルのシアー

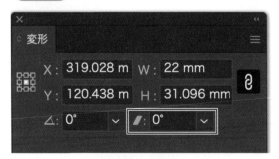

変形パネルは、ウィンドウ>変形で表示できます。上図の赤枠「シアー」に数値を入力すると、オブジェクトが斜めに傾きます。変形後に入力欄の数値は、0に戻るので注意。

オマケ

シアー 15

シアー 15 & 回転 15

LOGO

シアーに回転を
合わせてもかっこいい

05

風にゆれるフラッグ

揺れたり傾いたりする複雑なイラストは、
段階ごとに「効果」や「変形」を適用していくと楽です。
これまでのツールを活用して挑戦してみましょう！

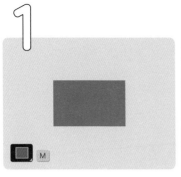

長方形ツールで長方形を描き、塗りを赤色にする。

ペンツールで、右辺の中心にアンカーポイントを追加。ヒント

追加したアンカーを、ダイレクト選択ツールで左へ水平移動。

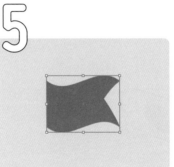

効果＞ワープ＞旗で、水平方向をチェックし、カーブ20％で適用。

オブジェクト＞アピアランスを分割でパスに変換。

茶色の垂直線を描き、長方形の左に並べる。

次のページへ

 ヒント　スマートガイドを使いこなそう

スマートガイドをオンにすると、オブジェクト同士が接する位置や中心に合わせてピタッと揃うようになります。

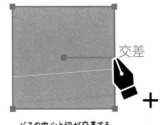

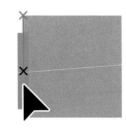

交差

パスの中心と辺が交差する位置でピタッと止まる

移動している線と四角の辺が重なる位置でピタッと止まる

表示＞スマートガイドからチェックできます

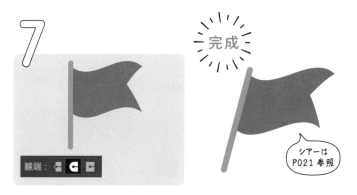

完成

シアーは
P021 参照

茶色の垂直線を選択し、線パネル
から線端を「丸型線端」に変更。

全選択し、変形パネルからシアー
を15度程度にして完成。

（オマケ）

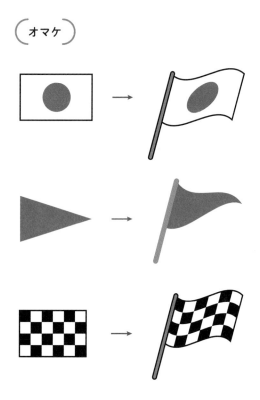

手順4のときに、ワープを適用するオブジェクトを
アレンジすることで、さまざまなデザインのフラッ
グが描けます。いろいろとアレンジしてみましょう。

アピアランスを分割って？

アピアランスって何？

アピアランスとは「外観」という意味で、Illustratorでは「塗り」「線」「不透明度」「効果」の4つを指します。例えば、線幅を太くしたり効果で変形させたりしても、元のパスの形状は変わりません。「線幅」や「効果」といった設定で、見た目だけを変化させているからです。

元のオブジェクト　　　　　効果ワープで変形　　　　　パスの形状はそのまま

「アピアランスを分割」で見た目通りのパスに変換

アピアランスで変形した形状は見た目だけの状態のため、変形後の形状を直接編集することができません。手順5の、オブジェクト>アピアランスを分割を適用することで、見た目通りのパスに変換できます。

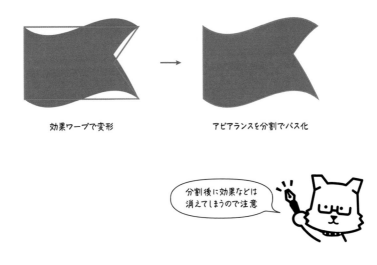

効果ワープで変形　　　　　　　アピアランスを分割でパス化

> 分割後に効果などは
> 消えてしまうので注意

06

Wi-Fiマーク

等間隔に大きくなる複数の円を作成するのは、
とても手間がかかり面倒です。「同心円グリッドツール」を
使いこなして、スマートに進めましょう。

直線ツールを長押しして、同心円
グリッドツールを選択。

アートボードをクリックし、オプ
ションのダイアログを表示。

下図のように数値を設定し、同心
円を作成する。 ヒント

次のページへ

ヒント 同心円グリッドツール

「楕円形から複合パスを作成」をチェック
すると、パスファインダーの「中マド」を使
ったときのように交差した部分がくり抜か
れます。

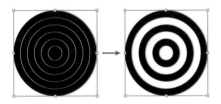

左がチェックしない状態
右がチェックした状態

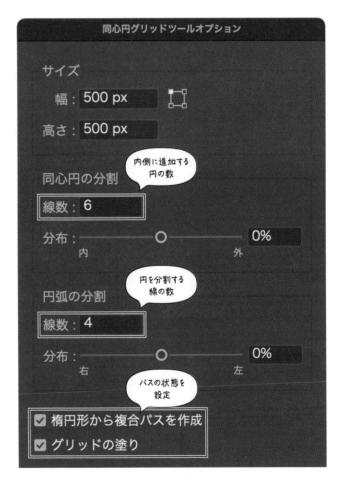

4

パスファインダー＞分割で、パス
を分割する。 ヒント

5

中心の円と右上以外のパスを削除
する。

6

スキマの
パスが消える

パスファインダー＞合流で、無色
のパスを削除。 ヒント

完成

Shiftを押しながら、45度回転させ
て完成。

ヒント **パスファインダー＞分割、合流**

手順4の
「分割」

手順6の
「合流」

手順4で使用している「分割」と、手順6で使用して
いる「合流」は、上図の場所にあります。「合流」の
詳しい説明は次のページにて。

参考動画

パスファインダーの「合流」って?

「合流」は塗りの色ごとにパスを分割・結合する機能です。結合する際に、線と透明な塗りは削除されるため、手順6ではこの機能を利用して、不要なパスを削除しています。

07

ピン！ひらめきアイコン

「破線」は線を点線にする機能ですが、
設定次第で幅広い表現が可能です。
普通に描くより、後からバランスを整えるのも簡単です。

直線ツールを長押しして、円弧ツールを選択。

Shift を
押しながら作成

円弧ツールでShiftを押しながらドラッグして円弧を描く。

☑ 破線

線パネルの「破線」にチェックを入れる。ヒント

線幅を太く変更する。

左側を
選択

破線の「線分と間隔の正確な長さを保持」を選択。ヒント

完成

「線分」と「間隔」の数値を調整して完成。ヒント

ヒント　**破線の設定方法**

破線とは、線の見た目を点線にする設定です。線分とは点線1つの長さで、間隔は次の点線までの余白です。

(1)「線分」12pt、「間隔」20pt の場合

12pt
20pt

(2)「線幅」を 15pt にした場合

15pt

ギザギザの形や
長さはランダムにできます

08

ランダムなマスキングテープ

全く同じ形のテープを何回も使うのは気になる。
でもひとつずつ描き直すのも大変。
そんなときは、ツールの力でランダムな形状を量産しましょう!

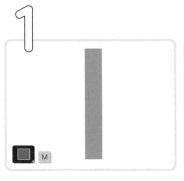

長方形ツールで、縦長の長方形を
描く。

透明パネルから不透明度を90％
程度に変更。

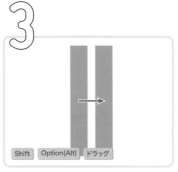

選択し、Shift + Option (Alt) + ド
ラッグで移動コピー。 ヒント

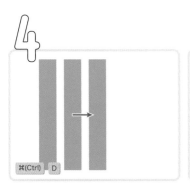

複製を選択したまま、オブジェク
ト＞変形＞変形の繰り返し。

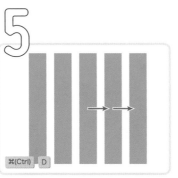

「変形の繰り返し」を、数回繰り返
えします。

次のページへ

ヒント　移動コピーと変形の繰り返し

Option (Alt) キーを押しながら移動や回転などの変形を
行うと、元々のオブジェクトは残したまま、変形した状態
のオブジェクトをコピーすることができます。

また、オブジェクト＞変形＞変形の繰り返しで直前に行
った変形を、選択状態のオブジェクトにもう一度適用す
ることもできます。今回の作例のように、均等な距離で
オブジェクトを何度もコピーしたい場合には非常に便利
です。

変形の繰り返しの
ショートカット
Command(Ctrl)+Dは
ぜひ覚えておきましょう

消しゴムツールで、長方形を斜めにドラッグして分割。 ヒント

線幅ツールを長押しして、リンクルツールを選択する。

円が長方形より小さくなるように

リンクルツールを、Option（Alt）＋ドラッグでブラシを縮小。 ヒント

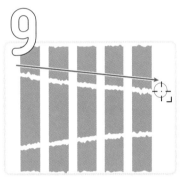

リンクルツールで、長方形の切れ目をドラッグする。

完成

必要な部分のみを取り出し、色を変更して完成。

(オマケ)

効果＞テクスチャ＞粒状で、粒子の種類を「スプリンクル」に適用すると、紙っぽい質感が簡単に表現できるのでオススメです。

RGBとCMYK（正確には解像度設定）によって見え方が違うので注意

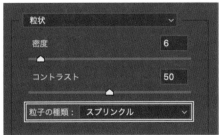

ヒント 各種ツールの詳細な設定

消しゴムツールやリンクルツールなどが、想定した結果にならない場合は、オプションから設定を変更しましょう。

消しゴムツールの場合は、ツールアイコンをダブルクリックするか、ツールを選択している状態でReturn (Enter)キーを押すと、オプションが表示されます。

ダブル
クリック
or
Return
(Enter)

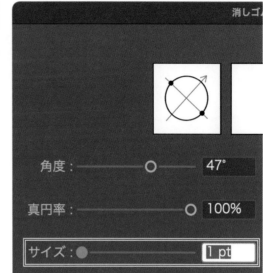

消しゴムの消える範囲を
調整したいときは
「サイズ」を変更しよう

リンクルツールの場合は、手順8のようにOption (Alt)キーを押しながらドラッグすることで、ブラシサイズが調整できます。この他にも消しゴムツールと同様に、Return (Enter)キーでオプションを表示して設定する2つの方法があります。

ダブル
クリック
or
Return
(Enter)

リンクルツールの
ギザギザを細かくしたいときは
「複雑さ」を上げよう

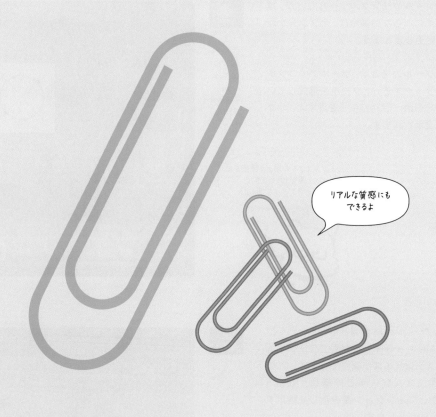

リアルな質感にも
できるよ

09

滑らかな曲線のゼムクリップ

ちょっとしたアクセントに使えるゼムクリップですが、
自分で描こうとすると意外に難しいです。
「スパイラルツール」で効率的に描きましょう。

直線ツールを長押しし、スパイラルツールを選択。

アートボードをクリックし、ダイアログを表示。

円周に近づく比率を90％、セグメント数を6にして渦を作成。ヒント

線同士が重ならない程度に線幅を太くする。

ダイレクト選択ツールで、頂点のアンカーポイントを選択。

選択したパスを⌘（Ctrl）＋Xでカットする。ヒント

次のページへ

 スパイラルツールの使い方

アートボードをクリックすると、右図のダイアログが表示されます。数値を入力してOKを押しましょう。

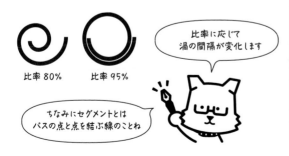

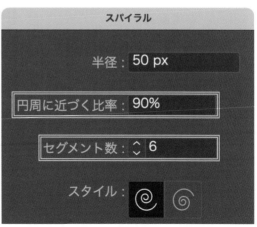

7

同じ位置に
ペースト

Shift ⌘(Ctrl) V

カットしたパスを、Shift＋⌘ (Ctrl)＋Vで同じ位置にペーストする。

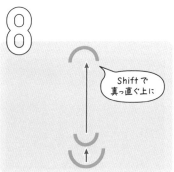

8

Shiftで
真っ直ぐ上に

各パーツを上図のように垂直方向に移動。

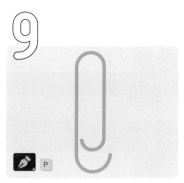

9

P

上の半円から垂直線を描き足し、下の半円につなげる。

完成

P

残りの半円の先から線を描き足して完成。

(オマケ)

線の色をグラデーションにすることで、立体的なクリップイラストが作れます。

ウィンドウ＞グラデーションでパネルを開き、「線」を「パスに交差してグラデーションを適用」にして、色を設定するだけでできあがりです。

参考動画

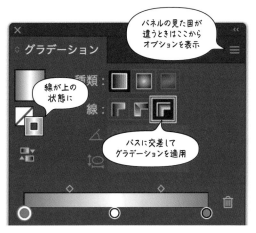

パネルの見た目が
違うときはここから
オプションを表示

グラデーション

種類：

線が上の
状態に

線：

パスに交差して
グラデーションを適用

両端は濃い色で
中心は白にすると
それっぽくなります

拡大すると線が崩れる?

オブジェクトを拡大・縮小すると、線幅だけ変更されず、形が崩れてしまう場合があります。

線幅も合わせて変形するには、ウィンドウ>プロパティを開き、選択ツールで何も選択をしていないときに表示される「線幅と効果を拡大・縮小」にチェックを入れてください。これで線幅も合わせて変形されるようになります。

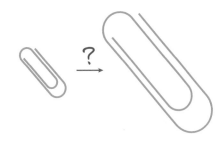

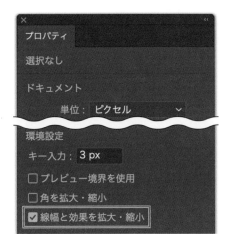

Illustrator>環境設定>一般からも設定できます

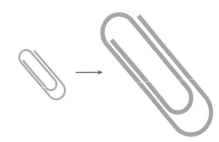

キュートなねじり梅

オブジェクトを円状に繰り返し並べたいときは、
CC新機能のリピート>ラジアルを使うと便利です。
リピートの基本操作を学んでいきましょう。

楕円形ツールでShiftを押しながら
正円を描き、塗りと線の色を設定。

正円を選択し、**オブジェクト＞リ
ピート＞ラジアル**を適用。

ウィンドウ＞プロパティを開き、
パスを選択。（次へ続く）。

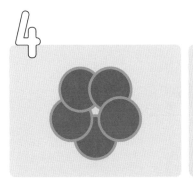

リピートオプションで、円の数を
5、半径を小さく調整。 ヒント

楕円形ツールで、中心に小さな正
円を描く。

花びらを選択し、**オブジェクト＞
分割・拡張**でパス化。

次のページへ

ヒント　リピートの設定方法

プロパティパネル（**ウィンドウ＞プロパティ**）は、選択し
ているオブジェクトに応じた機能や設定が表示されるパ
ネルです。リピートを適用したオブジェクトを選択する
と、「リピートオプション」が表示されます。

インスタンス数 → 円上に並べるオブジェクトの数
半径 → オブジェクトを並べる円の半径

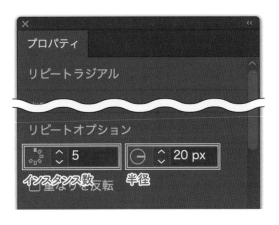

CHAPTER 2 パターン

CHAPTER 3 フレーム

CHAPTER 4 タイポ&ロゴ

CHAPTER 5 インフォグラフィック

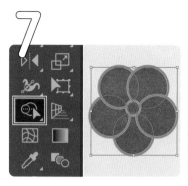

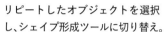

リピートしたオブジェクトを選択
し、シェイプ形成ツールに切り替え。

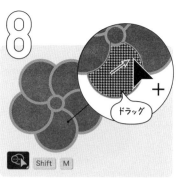

シェイプ形成ツールで、下の円と
右の円の一部を結合。 ヒント

全選択して、180度回転させて完成。

ヒント　シェイプ形成ツール

複数のパスを選択し、シェイプ形成ツールに切り
替えてドラッグすると、その部分だけをパスファ
インダーのように分割・結合できるツールです。
Option（Alt）キーを押しながら、ドラッグで分割・
削除になります。

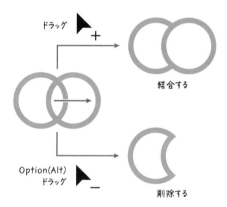

（オマケ）

リピートを活用すると、もうひと手間かけたねじり梅が作れます。

円弧ツールに切り替え、Shiftキーを押しながらドラッグして曲線を1つ描き、45度回転。次に、リピート＞ラジアルを適用し、インスタンス数を5、半径を小さく調整し、前ページで作成したねじり梅の花びらと、中心の正円の間に重ね順を移動させれば完成。

＼ 参考動画 ／

花びらの形や間隔は
後から調整できます

RECIPE

11

可憐な桜の花

「リピート」は円状に並べるオブジェクトの個数や配置を、
後から自由に調整できるのが利点です。
この機能を使いこなして、さまざまな桜を描いてみましょう。

楕円形ツールで縦長の楕円を描く。

ここをクリック

アンカーポイントツールで、下の
アンカーポイントをクリック。

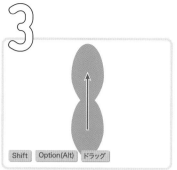

Shift + Option（Alt）＋ドラッグで、
上が少し重なるように移動コピー。

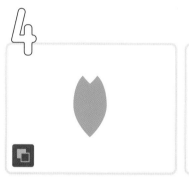

全選択し、パスファインダー＞前
面オブジェクトで型抜きを適用。

リピートは
P041参照

パスを選択し、オブジェクト＞リ
ピート＞ラジアルを適用。

プロパティパネルから、インスタ
ンス数を5、半径を調整する。

完成

180度回転させて完成。

オマケ

中心部分を作るときは
先端に丸がついた棒を
リピートすると簡単です

素材なしで作れる！

たいへんよくできました。

RECIPE

12

よくできましたスタンプ

スタンプのような自然なかすれ具合を表現したいときは、
イラレに標準搭載されている「チョークブラシ」を
活用するとお手軽です。

P044の桜を用意し、リピートの半径を小さく。色を赤色に変更する。

オブジェクト>分割・拡張の後に、パスファインダー>合体で結合。

オブジェクト>パス>パスのオフセットで少し拡大コピー。 ヒント

外側のパスの線幅を太くする。

全選択し、オブジェクト>パス>パスのアウトラインを適用。

全選択し、オブジェクト>複合パス>作成を適用。

次のページへ

 パスのオフセット

普通に拡大した場合と異なり、パスが元の位置から指定した距離だけ移動することで、拡大・縮小した複製を作成する機能です。ただ大きくするというより「太らせる」「痩せさせる」というイメージの方が近いです。
オフセットの数値をプラスにすると太くなり、マイナスにすると細くなります。

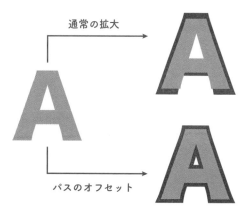

ブラシライブラリ＞アート＞木炭・鉛筆＞チョークを選択。 ヒント

桜の上を2回ほどブラシツールで線を描く。

ブラシの線を選択し、オブジェクト＞アピアランスを分割を適用。

全選択し、パスファインダー＞前面オブジェクトで型抜き。

文字（縦）ツールで、文字を作成して完成。

ヒント **ブラシライブラリを開く**

ブラシライブラリは、ウィンドウメニューからブラシパネルを開いて、パネル左下のアイコンから開くか、ウィンドウメニューからブラシライブラリを直接選択します。

「木炭・鉛筆」などの項目をクリックすると、ブラシパネルとは別にウィンドウが開きます。そこからブラシを選択してブラシツールで線を描くか、パスを選択した状態でブラシをクリックすることで線に適用することができます。

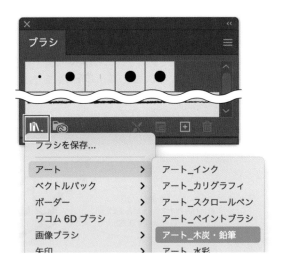

教えてコロさん！ レシピの早わかり解説

複合パスって？

失敗する理由

手順6でパスを複合パスという状態に変換しました。この工程を挟まなければ、手順10の、パスファインダー＞前面オブジェクトで型抜きがうまくできません。

「前面オブジェクトで型抜き」とは、重ね順が一番下にあるパスを、その上にあるパスと重なっている部分を削除するパスファインダーです。残るのは一番下にあるパスのみなので、二重になっている桜のパスが1つしか残らないのが失敗の原因です。

複合パスあり

複合パスなし

複合パスとは

パスを使って、別のパスに穴を開けることができる状態を複合パスといいます。このときに複数のパスは、まとめて1つのオブジェクトとして扱われる性質があります。二重の桜のパスを複合パスに変換することで、前面オブジェクトで型抜きをした際に両方とも残るようになります。

この2つで1つのパスになります

13

アンティークな歯車

パスの角の形状を丸く変形する「ライブコーナー」なら、
歯車の土台が一瞬で描けます。
丸以外の形にも変形できるので応用の幅も広いです。

長方形ツールを長押ししてスターツールを選択。

スターツールでアートボードをクリックし、点の数を14に変更。

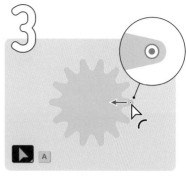

ダイレクト選択ツールで選択し、丸印を中心へドラッグする。 ヒント

丸印を2回Option（Alt）＋クリック。 ヒント

穴を空けたい場所で自由にパスを作成する。

完成

パスファインダー＞前面オブジェクトで型抜きで完成。

ヒント　**ライブコーナーの基本**

ダイレクト選択ツールでパスを選択した際、角の内側に丸印が表示されます。これをドラッグすることで角の形状を丸くすることができます。これをライブコーナーといいます。角の形は丸以外にも、逆向きの角丸や直線にすることも可能です。

ちなみに丸印はコーナーウィジェットといいます

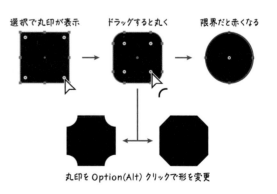

選択で丸印が表示　　ドラッグすると丸く　　限界だと赤くなる

丸印を Option(Alt) クリックで形を変更

14

和風には欠かせない工霞

和風のデザインで欠かせない工霞（えがすみ）は、
雲の数や長さのバリエーションが必要になります。
「シェイプ形成ツール」や「ライブコーナー」で簡単に量産しましょう。

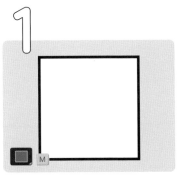

長方形ツールで正方形を描く。塗り線の色は自由に設定。

行列の段数を同じに

オブジェクト>パス>グリッドに分割で小さい正方形に分割。 ヒント

シェイプ形成ツールはP042参照

全選択し、シェイプ形成ツールで、「エ」の字にドラッグする。

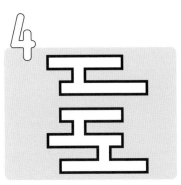

結合したパスのみを取り出す。

完成

全選択し、ライブコーナーで角を丸くして完成。

参考動画

 ヒント　**グリッドに分割**

選択したオブジェクトを、指定した段数の四角形に分割する機能。今回は「段数」を行と列で共通の数値に、「間隔」は両方0に設定。

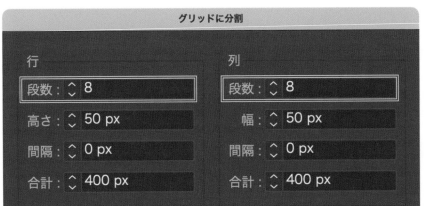

グリッドに分割		
行		列
段数：8		段数：8
高さ：50 px		幅：50 px
間隔：0 px		間隔：0 px
合計：400 px		合計：400 px

「間隔」が自動的に変更される場合もあるので0になってるか注意！

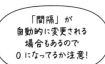

15

ビビッドなマップピン

正円から滑らかに直線をつなげるには、
普通にパスで描くより、線のプロファイルを
活用すると簡単に描くことができます。

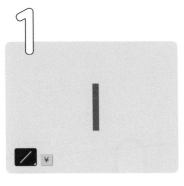

直線ツールで、短い垂直線を描く。

線パネルで線幅を太くし、線端を
「丸型線端」に変更する。

線パネルのプロファイルを「線幅
プロファイル4」に変更。 ヒント

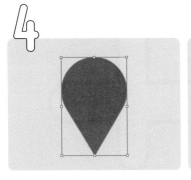

オブジェクト＞パス＞パスのアウ
トライン でパス化。

オブジェクト＞パス＞パスのオフ
セットで、内側にパスを作成。

ダイレクト選択ツールで、内側のパ
スの角を選択。

完成

ライブコーナーで角の部分を丸く
させて完成。

ヒント 線幅プロファイル

線幅は基本的に常に一定の太さですが、プロファイルと
いう項目からメリハリをつけることができます。

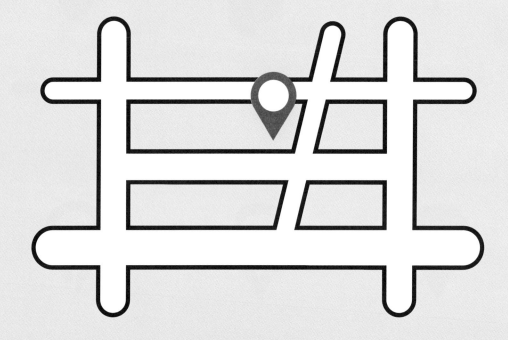

RECIPE

16

フチ線がついた地図

フチに線をあしらった地図は、パスで描くと修正が
非常に面倒になります。「効果」のパスファインダーを活用して、
修正が簡単にできるデータを作りましょう。

直線ツールで地図の線を描く。

線幅をそれぞれ太くし、線端を
「丸型線端」に変更する。

全選択し、効果>パス>パスのア
ウトラインを適用。

全選択し、オブジェクト>グルー
プでグループ化。

グループを選択し効果>パスファ
インダー>追加を適用する。

アピアランスパネルで左下のアイ
コンから新規線を追加。

線幅を整えて完成。

ヒント　効果のパスファインダー

通常のパスファインダーとは別物で、実際にパスの結合はされず、
アピアランス上で見た目だけを結合したことにしてくれます。元
のパスはそのままなので、結合前のパスを移動することも可能で
す。これにより修正が非常にしやすくなります。

オブジェクト>アピアランスを分割で
実際にパスを結合させることもできます

17

ピカッと光る電球

電球の丸い部分から続く滑らかな曲線を描くには、
「ライブコーナー」を活用しましょう。
イラレ初心者でもきれいな曲線が描けます。

正円と長方形を描き、少し重ねて中央で整列させる。

長方形を垂直方向に移動コピーし、色をグレーに変更。

グレーの長方形を、垂直方向に縮小して細長くする。

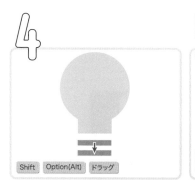

グレーの長方形を選択して、下へ移動コピー。

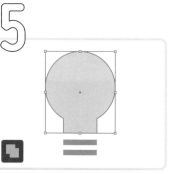

黄色のパスを選択し、**パスファインダー＞合体**で結合する。

ダイレクト選択ツールで、円と四角の交点のみを選択。

ライブコーナーで、選択した角を限界まで丸くする。

グレーの長方形もライブコーナーで限界まで丸くする。

長方形を選択し、**オブジェクト＞シェイプ＞シェイプを拡張**。

次のページへ

横長の楕円を描き、上半分を削除して下に配置。

黄色パスの周りだけ太くなる

整列パネルを開いた後、全選択し黄色パスを1度クリック。 ヒント

オブジェクトの分布：

等間隔に分布：

10

整列パネルの「等間隔に分布」に、余白の数値を入力。 ヒント

整列パネルの左下にある「垂直方向等間隔に分布」をクリック。 ヒント

ヒント **等間隔に分布**

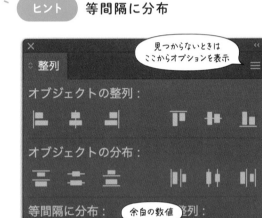

見つからないときはここからオプションを表示

整列

オブジェクトの整列：

オブジェクトの分布：

等間隔に分布： 余白の数値 整列：

10

縦の余白

完成

楕円形ツールで白い楕円を描き、斜めに配置して完成。

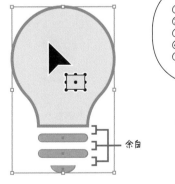

余白

①整列パネルを開く
②パスを全選択する
③基点になるパスをクリック
④整列に余白の数値を入力
⑤等間隔に分布を押す

（オマケ）

リピートを活用して、電球の周りに光の線
を描きましょう。

垂直線を描き、**オブジェクト > リピート >**
ラジアルを適用し、インスタンス数と半径
を調整します。

リピートしたオブジェクトを選択すると、
円の下に左右を指すボタンが表示されます。
これを円に沿ってドラッグすると、その範
囲のリピートオブジェクトを隠すことがで
きます。

これを電球の周囲に配置すれば完成！

チュートリアルは暗記
しなくていい

ここまでチュートリアルをやってきたのはいいけれど、「作業の手順を覚えていられる自信がない」とお悩みの方もいらっしゃるでしょう。大丈夫です。僕も自分のチュートリアル手順なんて暗記していません。

本書では使用頻度が高いであろう題材を選んで掲載していますが、それでも年に数回使うのが大半です。ましてやレシピをそのままの形で使えるケースは稀で、大体は微妙に「もうちょっとこうしたいんだよなー」と手直しをする必要があります。レシピを丸暗記しても、ほとんど意味はないと言っても過言ではないでしょう。

それよりもチュートリアルを通してツールの使い方を経験し、実際の仕事の中でやりたいことができたときに、「あのツールならできるのでは?」と気づけるようになることが大切だと思います。

そのためには、レシピを丸暗記したり機械的に真似したりするだけではなく、指示されていない操作をしてガチャガチャと遊んでみるのをオススメします。いろいろと試していくうちに、「このツールはこういう操作をすればこうなるんだな」と頭の中で想像できるようになります。チュートリアルはそのための呼び水のような役割もあるのです。

ツールについて詳しく学びたいときは
Adobe公式ヘルプを読むのも良いでしょう

CHAPTER

パターン

幾何学模様や和柄・ストライプなどのパターンは、
デザイン素材としてとても人気です。
一見難しそうですが、よく観察すると
規則的なルールで構成されています。
複雑なパーツを効率的に量産し、色や形のアレンジが
簡単に行えるテクニックを紹介します。

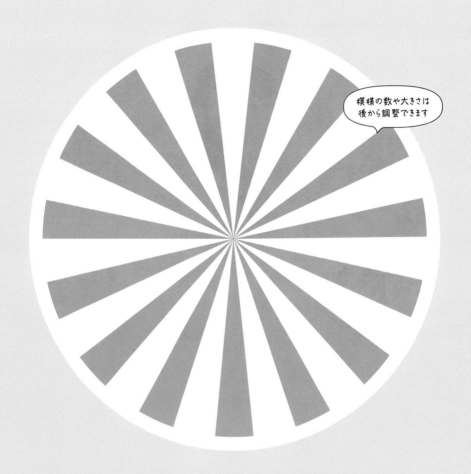

模様の数や大きさは
後から調整できます

RECIPE

18

輝きのサンバースト

派手な演出で活躍する太陽の光の背景も、
「リピート」で簡単に作れます。
P041のリピートの使い方を復習してから作ってみましょう。

直線ツールで垂直線を描く。高さは、整数値にしておく。 ヒント

線パネルから、プロファイルを「線幅プロファイル4」に変更。

オブジェクト＞リピート＞ラジアルで円状に並べる。

選択し、プロパティからリピートの半径を直線の長さの半分に変更。

リピートのインスタンス数を増やす。

完成

オブジェクト＞分割・拡張でパスに変換して完成。

ヒント　整数値の長さの線

直線ツールでアートボードをクリックしたときに表示されるダイアログから、指定した長さの線を描けます。

また、作成した線の長さを確認したいときは、ウィンドウ＞変形から変形パネルを開き、直線を選択状態にすると「線のプロパティ」という項目に線の長さが表示されます。

19

魅惑のマーブリング

うねりツールを活用することで、マーブリングという
絵画技法を表現できます。一度ではきれいにできない可能性が
高いので、何度か繰り返して仕上がりの良いものを使いましょう。

長方形ツールで、2〜3色の四角形を複数作り並べる。

全選択し、線幅ツールを長押しして、うねりツールに切り替える。

Option（Alt）を押しながらドラッグし、ブラシサイズを調整。 ヒント

うねりツールで、かき混ぜるようにドラッグ。

楕円形ツールで、枠になるパスを作成。

完成

全選択し、オブジェクト＞クリッピングマスク＞作成で完成。

 うねりツールのブラシサイズ

うねりツールは、円の範囲（ブラシサイズ）内のパスを渦状にかき混ぜる機能です。対象のパスに対してブラシサイズが大きすぎると、変形が大雑把になってしまいます。その場合は、Option（Alt）キーを押しながらドラッグするか、Return（Enter）キーでオプションを開き、数値指定で範囲や変形の強さを調整して使いましょう。

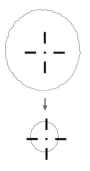

参考動画

^{RECIPE}

20

おしゃれ斜めトリコロール

ボーダーやドットといった基本的なパターンはあらかじめIllustrator内に
用意されていますが、モノクロしかありません。既存のパターン
スウォッチを修正し、自分の欲しいカラーの模様を作成しましょう。

スウォッチからパターン>ベーシック>ベーシック_ラインを選択。

ベーシック_ラインの中から「6 lpi 50％」をクリック。

スウォッチに追加された「6 lpi 50％」をダブルクリック。

パターン編集モードの中で、線を交互に塗りわける。 ヒント

画面上の「完了」をクリック(もしくはescキーを押す)。

編集モードを終了し、オブジェクトの塗りにパターンを適用。

次のページへ

ヒント　パターン編集モード

スウォッチパネルにあるパターンスウォッチをダブルクリックすると、右図のようなパターン編集モードへ移動します。

ここでパターンの元になるオブジェクトを編集することで、パターンの見た目を変更することができます。

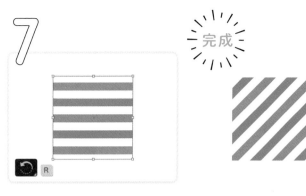

完成

選択し、回転ツールに切り替えて
Return（Enter）を押す。 ヒント

角度に45度と入力。「オブジェクト
の変形」を外しOKで完成。 ヒント

ヒント **パターンだけ回転**

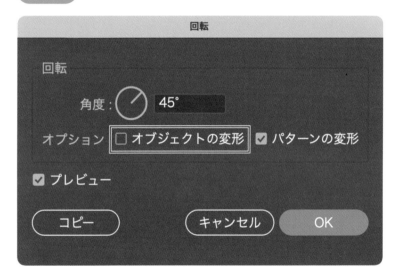

オブジェクトを選択した状態で回転ツールに切り替え、Return（Enter）キーを
押すと回転ダイアログが表示されます。

ここでオプションの「オブジェクトの変形」のチェックを外すと、オブジェクト
はそのまま、パターンだけが回転します。

拡大・縮小ツールや
リフレクトツールなどでも
使うので覚えておきましょう

パターンスウォッチの使い方

スウォッチライブラリを開く

前述の通り、Illustratorにはあらかじめ定番の模様が、パターンスウォッチとして用意されています。手順1のようにスウォッチパネルの左下のボタンか、もしくはウィンドウメニューの下部にある、スウォッチライブラリから開くことができます。

ライブラリのスウォッチを使用する

ライブラリは、スウォッチパネルとは別のパネルで表示されます。そこから直接オブジェクトに適用しても良いですし、一度選択したスウォッチは自動的にスウォッチパネルにコピーされるので、そこから選択しても大丈夫です。

スウォッチを編集する

スウォッチパネル内のアイコンをダブルクリックすると、パターン編集モードへ移動します。そこで変更した内容は、自動的にパターンやパターンを適用しているオブジェクトに反映されます。なお、今回のようにスウォッチライブラリからコピーしたパターンを編集しても、スウォッチライブラリ内の元々のパターンは影響を受けませんので、安心して編集してください。

編集パターンを別データで使うには
パターンを適用したオブジェクトを
コピペするのが楽です

21

シンプルな市松文様

パターンスウォッチは、1から自分で作成することもできます。
パターン編集の基本を学んで、欲しい模様を
すばやく作れるようになりましょう。

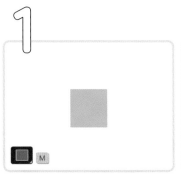

長方形ツールで、塗りのみの正方形を描く。

正方形を横に接するように移動コピーし、色を変更する。

全選択し、オブジェクト>パターン>作成でパターン化。

パターンオプションのタイルの種類を、「レンガ（横）」に変更。 ヒント

画面上の「完了」をクリックし、パターン編集モードを終了。

スウォッチパネルから、パターンをパスに適用して完成。

 ヒント パターンオプション

パターン編集モードに移動すると、自動的にパターンオプションパネルが表示されます。（もし表示されなければ、ウィンドウ>パターンオプションから表示）

タイルの種類は、パターンの繰り返しの仕方の設定で、「レンガ（横）」にすると、1行ごとに模様が半個分横にズレて繰り返されます。

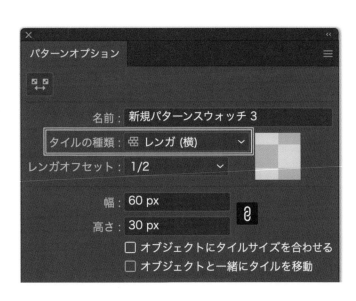

（オマケ）

P073レシピを応用し、3つ以上の色を使った市松文様も作ってみましょう。

（1）赤と白、黒と白が交互に並んでいる場合は、赤と黒の正方形を斜めに並べてパターン化。タイルの種類は変更せず、デフォルトの「グリッド」のままで大丈夫です。

（2）複数の色がランダムに並んでいる場合は、右図のように正方形をたくさん並べて色を配色します。この際、行列の数は奇数と偶数になるようにしてください（5行6列など）。そして全選択してパターン化し、タイルの種類を「レンガ（横）」にして完成です。

（3）正方形だけではなく、縦長の長方形で作ってもかわいいです。（2）で作ったパターン化する前のオブジェクトの高さを2倍にし、同様の手順でパターン化するだけです。

（1）赤黒白

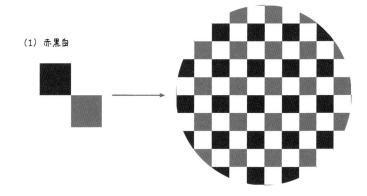

（2）ランダム

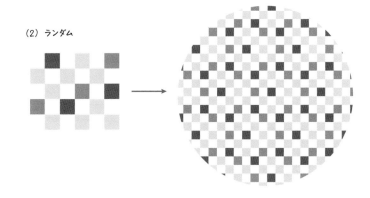

（3）縦長ランダム

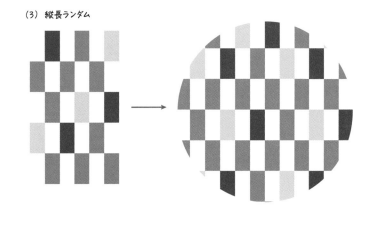

お気に入りの配色を作って
#飾りのデザインで
Twitterに投稿してみよう！

2つのパターン作成方法

オブジェクトメニューから作成

手順3のように、パターン化するオブジェクトを選択した状態で、オブジェクト＞パターン＞作成をクリックして作成できます。

スウォッチパネルから作成

パターン化するオブジェクトを選択し、スウォッチパネルにドラッグ＆ドロップしてもパターンを作成できます。

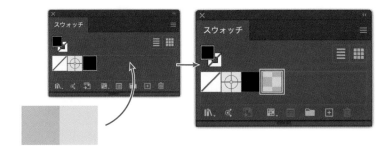

2つの方法の違いは?

できあがるパターンスウォッチはどちらも同じですが、オブジェクトメニューから作成した場合は、自動的にパターン編集モードへ移動します。スウォッチから作成した場合は、編集モードには移動せずに、パターンスウォッチが追加されるだけになります。作成しやすい方法で行ってください。

パターンを後から
編集したい場合は
P085参照

RECIPE

22

スタイリッシュな鱗文様

市松文様レシピを応用して簡単に描けます。
多角形ツールできれいな三角形を
すばやく作成する方法も覚えておきましょう。

長方形ツールを長押しし、多角形ツールに切り替える。

多角形ツールでアートボードをクリックし、辺の数を3に変更。

三角形を選択し、オブジェクト＞パターン＞作成。

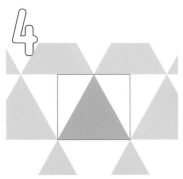

パターンオプションのタイルの種類を、「レンガ（横）」に変更。 ヒント

画面上の「完了」をクリックして、パターン編集モードを終了。

完成

スウォッチパネルから、パターンをパスに適用して完成。

オマケ

（1）ピッタリと敷き詰めるのではなく、すき間をあけて小さな三角を並べたい場合は、手順4までレシピ通りに作成し、パターン編集モードの中でオブジェクトを縮小しましょう。

（2）2色の鱗文様を作成する場合は、三角形と全く同じ縦横サイズの長方形を背面に作成し、一緒にパターン化すれば作れます。

（1）小さい三角

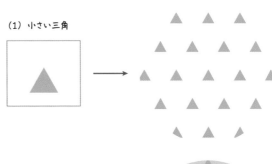

（2）2色

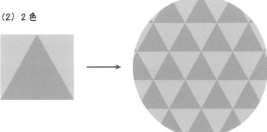

23

賢そうな方眼紙パターン

マスを区切る点線をきれいに描くには、
破線の設定を使いこなすと便利です。
P031で破線の基本を学んだ後に挑戦しましょう。

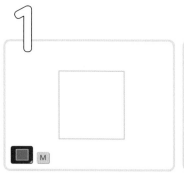

長方形ツールで正方形を描き、塗りと線の色を設定。

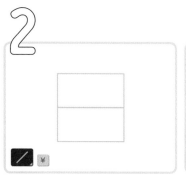

直線ツールで正方形の中心に、少しだけ太い水平線を描く。

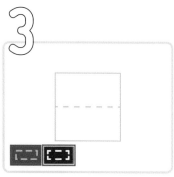

水平線を選択し、線パネルで「破線」をチェック。 ヒント

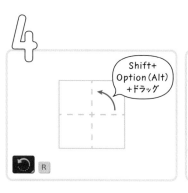

Shift+
Option（Alt)
+ドラッグ

水平線を選択し、回転ツールで90度回転コピーする。

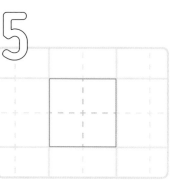

全選択し、オブジェクト＞パターン＞作成でパターン化。

完成

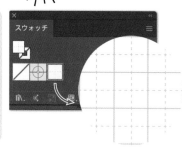

編集モードを終了し、スウォッチを塗りに適用して完成。

ヒント **コーナーやパス先端に破線の先端を整列**

破線の右にある点線の四角のアイコンは、パスの切れ目での破線の処理を行う設定です。右側の「コーナーやパス先端に破線の先端を整列」では、破線がパスの両端でピッタリ揃うようになります。

詳しい解説は P083にて

RECIPE

24

定番のギンガムチェック

線幅を太くした線を破線にすることで、
簡単にボーダー模様が作れます。パスファインダーと組み合わせて
ギンガムチェックを作りましょう。

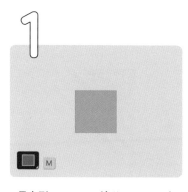

長方形ツールで、塗りのみの正方形を描く。

正方形を横に接する位置に移動コピーする。

直線ツールで、右側の正方形の左上から右下にかけて対角線を描く。

正方形が隠れるまで、直線の線幅を太くする。

線パネルから「破線」をチェック。破線の先端を整列させる。 ヒント

破線を選択し、オブジェクト＞パス＞パスのアウトラインを適用。

次のページへ

ヒント 破線でボーダー模様を作る

線幅を極端に大きくした状態で破線にすると、簡単にボーダー模様が作れます。

破線の右にある「コーナーやパス先端に破線の先端を整列」を設定することで、直線パスの両端でボーダーがきれいに揃うので、線分の数値を調整して好みのボーダー幅にしてください。

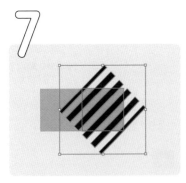

右側の正方形と手順6のパスを両方選択する。

パスファインダー>前面オブジェクトで型抜き。

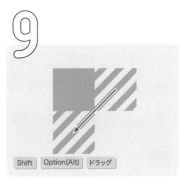

手順8のパスを、左下にピッタリ並ぶように移動コピー。

完成

全選択し、スウォッチパネルにドラッグ＆ドロップ。

作成したパターンをオブジェクトの塗りに適用して完成。

破線をピッタリ揃えたい

線パネルの破線は線分と間隔の数値の他に、パスに対して破線をどのように合わせるかの設定があります。

線分と間隔の正確な長さを保持

入力した線分と間隔の数値で正確に破線が描かれます。パスの終点で長さが足りなければ破線は途中で途切れます。

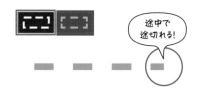

途中で
途切れる！

コーナーやパス先端に破線の先端を整列

始点と終点が線分の中心とピッタリ揃い、中間の線分と間隔は両端に合わせて自動的に調整されます。

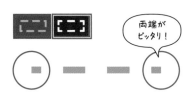

両端が
ピッタリ！

25

幅広く活躍！ヘリンボーン

パターンの繰り返しになる範囲が重なっている場合は、
作業途中でパターン化して、パターン編集モードの中で
加工をした方が良い場合もあります。

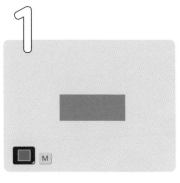

長方形ツールで、細長い長方形を描く。

長方形を右の角で接する位置に移動コピーする。

全選択し、オブジェクト>パターン>作成でパターン化。

編集モードのまま次へ進む!

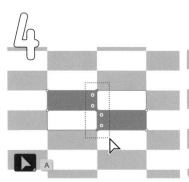

ダイレクト選択ツールで、中央のパスのみを選択。

Shiftを押しながら下に移動させて、編集モードを終了。

完成

作成したパターンを、オブジェクトの塗りに適用して完成。

ヒント　**パターン編集モードの中で編集**

パターンの繰り返しを示す青い枠（タイル）は、パターンを作成したときのオブジェクトサイズと等しくなります。

そのため手順5の形をパターンに登録すると、右図のようにパターンに隙間が空いてしまいます。後からタイルサイズを直すこともできますが、手順3の状態でパターン化し、パターン編集モードの中で加工をした方が時短になります。

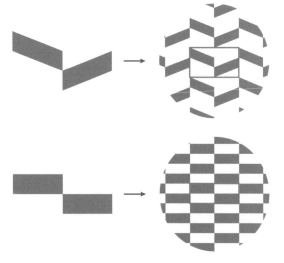

26

シェブロンストライプ

ヘリンボーンパターンと同様に、パターン編集モードの中で
作成した方が効率的に作れる模様です。アレンジをすることで
もっとシャープな模様にしたり、複数の色にしたりできます。

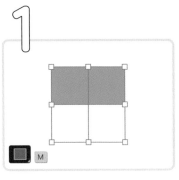

4つの正方形を上図のように並べ、上下で色をわける。

全選択し、**オブジェクト＞パターン＞作成**でパターン化。

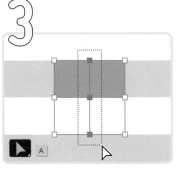

ダイレクト選択ツールで、縦中央のアンカーポイントのみを選択。

Shiftを押しながら下に移動し、パターン編集を完了。

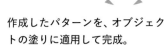

作成したパターンを、オブジェクトの塗りに適用して完成。

参考動画

オマケ

手順1のオブジェクトを変更することで、さまざまなバリエーションが作れます。

（1）横長の長方形を4つ作成し、同様の作業をすることで、線の細いパターンになります。

（2）縦方向に四角形の数を増やして色を変更すると、複数の色のパターンも作成できます。

（1）横長の長方形

（2）縦に数を増やす

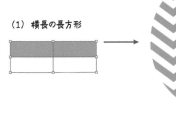

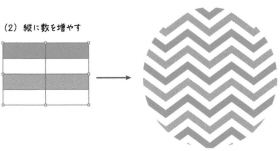

27

ハイカラな矢絣文様

矢絣（やがすり）は一見すると複雑な模様に感じますが、
よく見ると矢羽と細長い棒の繰り返しでできています。
繰り返している模様に注目してパターンを作成しましょう。

1

長方形ツールで、細長い長方形を
描き、水平方向にコピー。

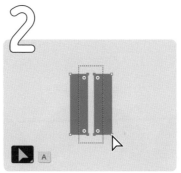

2

ダイレクト選択ツールで、内側の
アンカーポイントを選択。

3

選択したアンカーポイントを、
Shiftを押しながら下へ移動。

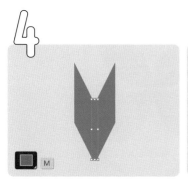

4

長方形ツールで、隙間の角にピッ
タリ収まる長方形を描く。

5

長方形の底面が、上の辺と接する
位置まで垂直方向へ移動させる。

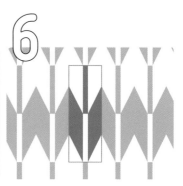

6

全選択し、オブジェクト＞パター
ン＞作成でパターン化。

完成

タイルの種類を、「レンガ（縦）」に
変更して完成。

オマケ

右下のようにカラフルな矢
絣パターンにしたいときは、
以下の方法で作ることがで
きます。

（1）3色のパーツを作成し、
この状態でパターン化する。

（2）パターン編集モードの
中で、図のように右下に1つ
コピーし、タイルの種類を
「レンガ（縦）」にして完成。

(1)　　　　(2)

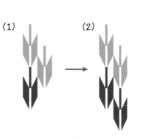

28

縁起の良い七宝文様

和柄は特定の形を回転や反転させて作成していることが多いです。
リフレクトツールといったパスを変形させるツールを使いこなして、
効率的に作図していきましょう。

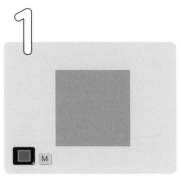

長方形ツールで、塗りのみの正方形を描く。

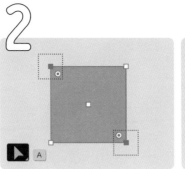

ダイレクト選択ツールで、左上と右下のアンカーを選択。

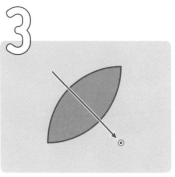

ライブコーナーで、対角線でドラッグし、限界まで角を丸くする。

リフレクトツールで、右上をクリックし、基準点を変更。 ヒント

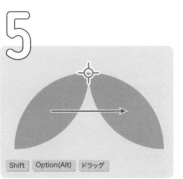

リフレクトツールで、右側に反転コピー。 ヒント

次のページへ

ヒント **基準点を変更して変形**

リフレクトツールは、通常はオブジェクトの中心を基準に反転されます。オブジェクトを選択した状態でリフレクトツールに切り替え、任意の位置をクリックすることで、基準点を移動させることができます。この基準点は回転ツール、拡大・縮小ツールなどでも同様です。

基準点が中心のまま反転

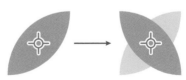

基準点を右上に変更して反転

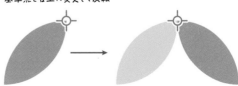

スマートガイドをオンにするのを忘れずに！

全選択し、オブジェクト>パターン
>作成。

パターンオプションのタイルの種
類を、「レンガ（横）」にして完成。

（オマケ）

七宝のつなぎ目ごとに正円を配置した「星七宝」も、
アレンジして簡単に作れます。

手順7まで完成させたパターンを用意し、スウォッ
チパネルから「パターンスウォッチ」をダブルクリ
ックして、パターン編集モードへ移動してください。

タイル（青い枠）の右下の角に中心を合わせて正円
を描き、塗り線を整えるだけで完成です。

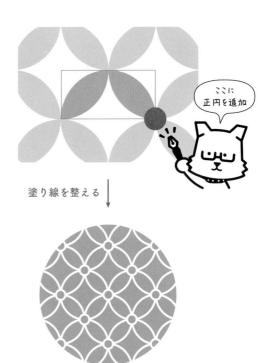

ここに
正円を追加

塗り線を整える ↓

パターンに謎の切れ目が出る

パターンスウォッチを適用したオブジェクトを、画像に書き出したとき、パターンの切れ目に白い線が出てしまうことがあります。これを回避するには、パターンを適用したオブジェクトに、効果＞ラスタライズを適用しておきましょう。

僕が実際に Twitter で
やらかした例です 笑

29

波打つ青海波文様

波打つ青海波（せいがいは）を描きます。
パターンのタイルサイズは、後から自分で変更することもできます。
枠内での四則演算の方法も含めて学んでいきましょう。

1 直線ツールを長押しして、同心円グリッドツールを選択。

2 アートボードをクリックし、オプションのダイアログを表示。

3 同心円の分割の線数7、グリッドの塗りのみにチェック。 ヒント

4 ダイレクト選択ツールで、内側の塗りをひとつ置きで白色に変更。

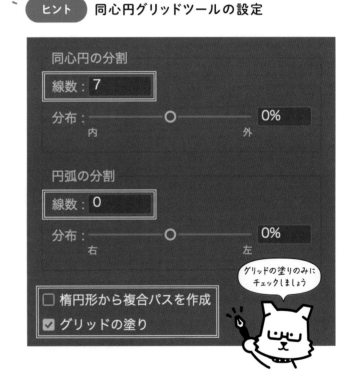

ヒント 同心円グリッドツールの設定

5 全選択し、オブジェクト>パターン>作成。

次のページへ

パターンオプションのタイルの種類を、「レンガ（横）」に変更。

パターンオプションの、「縦横比を維持」を外す。

パターンの高さの末尾に、「/4」と追記して4分の1に。 ヒント

完成

パターンオプションの重なりを、「下を前面へ」に変更して完成。

ヒント 高さを4分の1に

パターンオプションの高さの数値の末尾に「/4」（すべて半角入力）を追記し、Return（Enter）キーで入力を確定すると、自動的に元の数字が4分の1になります。

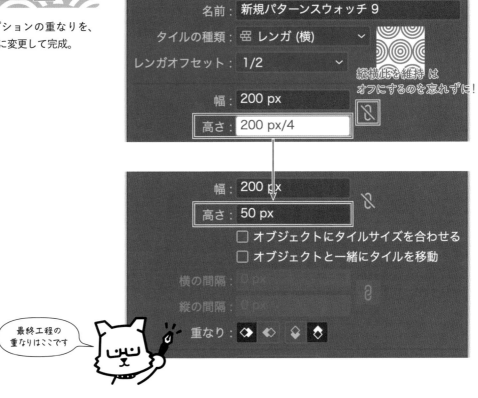

最終工程の重なりはここです

イラレは電卓要らず？

イラレ作業中に、足し算や掛け算などの計算をする必要が出てきたとき、わざわざ電卓を使う必要はありません。簡単な四則演算であれば、イラレの入力欄の中で計算することができます。

どのパネルやダイアログでも構いません。数値を入力できる枠の中で、手順8のように数字の末尾に半角の演算記号を入力し、確定すると自動的に計算されます。

演算記号は以下の通りです。
- ●足し算　＋（プラス）　　●引き算　－（マイナス）
- ●掛け算　＊（アスタリスク）　●割り算　／（スラッシュ）

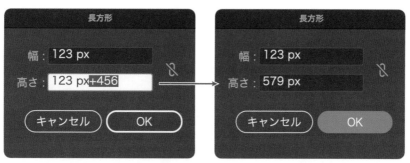

末尾に演算記号と数値を追記　　　　　　　入力を確定すると計算される

一度に複数の計算はできないので注意

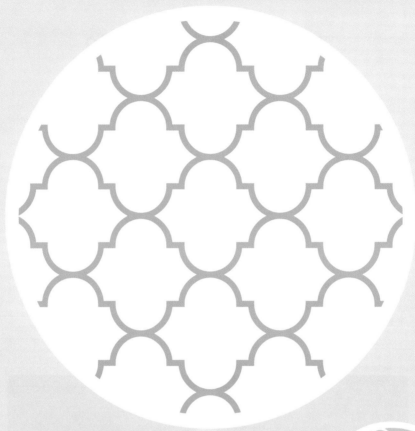

30

エキゾチックなモロッカン柄

線幅を設定したオブジェクトは、塗りのみの状態で
パターン化した方が効率的になる場合があります。
タイルサイズの仕組みについて理解していきましょう。

長方形ツールでクリックし、縦横比2:1の長方形を描く。

ライブコーナーで、角を最大まで丸くする。

パスを選択し、回転ツールで、Shift + Option（Alt）を押しながら、90度回転コピー。

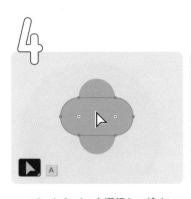

コピーしたパスを選択し、ダイレクト選択ツールに切り替え。

角の形状の変更は
P051参照

丸印を、Option（Alt）＋クリックし、角丸（内側）に。

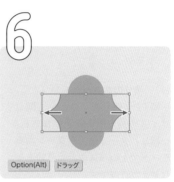

Option(Alt) ドラッグ

選択ツールで、Option（Alt）を押しながら水平方向に拡大。 ヒント

次のページへ

 左右対称に変形

基本的にバウンディングボックスで拡大すると、ドラッグした方向のみに変形しますが、Option（Alt）キーを押しながら変形すると、左右（上下）対称に適用されます。

普通にドラッグした場合

Option（Alt）＋ドラッグした場合

全選択し、パスファインダー＞合体。

選択し、オブジェクト＞パターン＞作成でパターン化。

塗りと線の色を入れ替え、線幅を調整して完成。 ヒント

Shift X

（オマケ）

（1） 塗りのあるパターン
手順7で作成したパスと全く同じサイズの長方形を背面に作成し、一緒にパターン化。パターン編集モードで上のパスのみ塗り線を入れ替えて完成です。

（2） 複数の塗りがあるパターン
この場合は、少々複雑になります。手順7のパスを複数コピーし、隙間なく敷き詰めます。このときコピーする数は、パターンとして縦横に敷き詰めた際にピッタリ噛み合う数にしておきましょう。
これを全選択してパターン化しますが、この時点ではタイル同士に隙間ができてしまいます。そのため右下図のように、パターンで噛み合って欲しい部分を結ぶ補助線（水平線）を描きます。変形パネルからその幅の数値をコピーし、パターンオプションの縦横比を維持した上で幅の数値にペーストすると、隙間が埋まってきれいなパターンになります。

（1） 塗りのあるパターン

（2） 複数の塗りがあるパターン

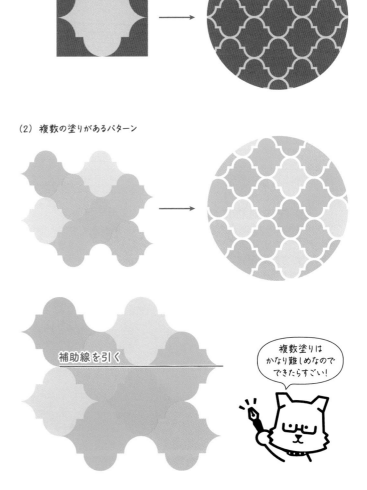

補助線を引く

複数塗りはかなり難しめなのでできたらすごい！

線をパターン化するときの注意

今回のレシピは塗りのみのオブジェクトをパターン化し、最後にパターン編集モードの中で線に変更しました。なぜ最初は塗りで作ったのかを解説します。

パターンの繰り返しの範囲を示す青い枠（タイル）のサイズは、パターンに登録したオブジェクトの大きさと等しくなります。このときにオブジェクトに線が適用されていると、線幅も含めた大きさでタイルサイズが作成されます。今回の作例ではパス同士がピッタリと接するのが望ましいので、線幅が最初から設定されているとズレてしまうため、最初は線がない状態でパターンを作成し、タイルサイズが確定してから線幅を設定しました。

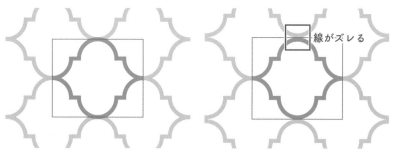

塗りからパターン作成した場合　　　　　線からパターン作成した場合

もちろんズレても後から調整はできます

RECIPE

31

和柄の定番！麻の葉文様

麻の葉（あさのは）の作り方は複数ありますが、
ここでは三角形ごとに塗りわけのしやすいレシピを解説します。
回転ツールやリフレクトツールを使いこなしてすばやく描きましょう。

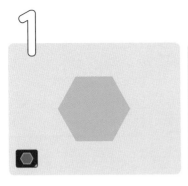

多角形ツールで、Shift＋ドラッグ。塗りのみの六角形を描く。

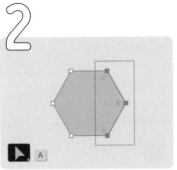

ダイレクト選択ツールで右半分のアンカーポイントを選択。

選択部分を削除し、オブジェクト＞パス＞連結で結合。

選択し、回転ツールで左側の頂点をOption（Alt）クリック。**ヒント**

角度に120度と入力し、コピーをクリック。**ヒント**

複製を選択状態で、オブジェクト＞変形＞変形の繰り返し。

次のページへ

基準点を指定して数値指定で変形

オブジェクトを選択した状態で回転ツールに切り替え、Option（Alt）キーを押しながら任意の位置をクリックします。すると、クリックした場所を中心に選択オブジェクトを数値指定で回転させることができます。

「OK」は選択したオブジェクトが回転するだけですが、「コピー」は元のオブジェクトは残したまま、回転した状態のコピーが作成できます。

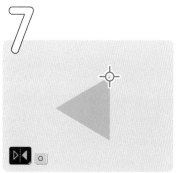

全選択し、リフレクトツールで右上の角をクリック。

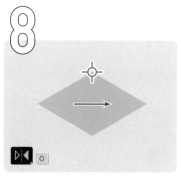

Shift + Option（Alt）を押しながら、右へドラッグして反転コピー。

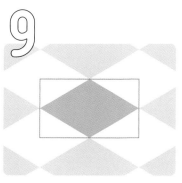

全選択し、オブジェクト>パターン>作成 でパターン化。

パターンオプションのタイルの種類を「レンガ（横）」に変更。

四則演算は
P097参照

パターンオプションの高さの末尾に［/2］を追記。

完成

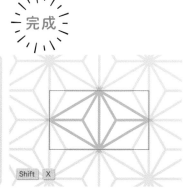

Shift　X

全選択し、塗り線を入れ替え、線幅を整えて完成。

オマケ

(1)手順11で線だけでなく、塗りを個別に設定するとかわいいパターンになります。

(2)もっと不規則な塗りにしたい場合は、手順7のオブジェクトを120度ずつ回転したものを3つ合わせて六角形を作成し、色をランダムに変更。パターン化し、タイルの種類を「六角形（横）」にするとより複雑な表現になります。

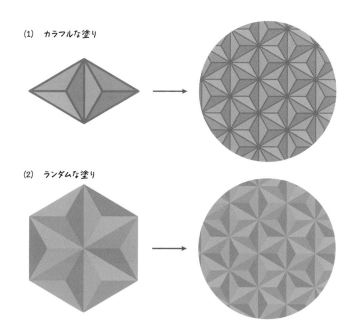

(1)　カラフルな塗り

(2)　ランダムな塗り

タイルの種類の見分け方

パターンオプションで設定できる「タイルの種類」は、タイル（パターンの青い枠）をどのような並びで繰り返すかを設定します。タイルの種類は全部で5種類あり、下図のようにさまざまな違いがあります。

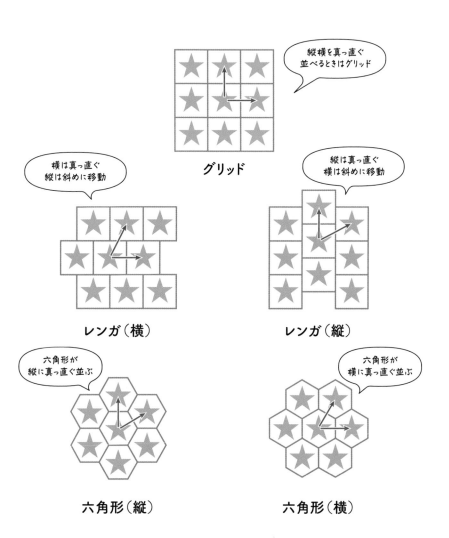

縦横を真っ直ぐ並べるときはグリッド

グリッド

横は真っ直ぐ縦は斜めに移動

レンガ（横）

縦は真っ直ぐ横は斜めに移動

レンガ（縦）

六角形が縦に真っ直ぐ並ぶ

六角形（縦）

六角形が横に真っ直ぐ並ぶ

六角形（横）

32

トラディショナルなアーガイル柄

この模様は2つの菱形をパターン化すると効率的に作成できます。
移動コピーやスマートガイド、破線などさまざまなツールを使うので、
これまでのレシピの復習にどうぞ!

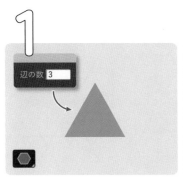

1 多角形ツールでアートボードをクリックし、辺の数を3にする。

2 選択してリフレクトツールに切り替え、底辺の角をクリック。

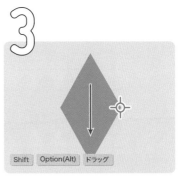

3 Shift + Option（Alt）を押しながらドラッグして反転コピー。

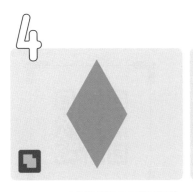

4 全選択し、パスファインダー>合体を適用。

5 水平方向に移動コピーし、片方の色を変更する。

6 全選択し、オブジェクト>パターン>作成でパターン化。

次のページへ

（オマケ）

手順1〜4は、2つの正三角形をつなげた正確な菱形を描くための方法です。そこにこだわらないのであれば、正方形を引き伸ばして作成する方法でも構いません。

バウンディングボックスで拡大すると、うまく縦に引き伸ばせません。この場合は拡大・縮小ツールを使いましょう。

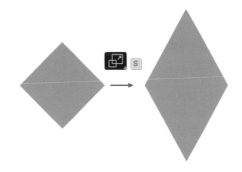

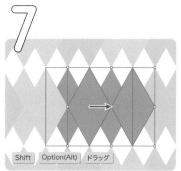

全選択し、菱形半個分だけ水平方向に移動コピー。 ヒント

コピーした菱形2つの塗りを変更する。

コピーした菱形2つの塗りと線を入れ替える。

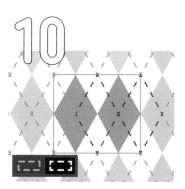

線パネルから破線をチェックし、破線の先端に整列。

完成

パターンのタイルの種類を「レンガ（横）」に変更して完成。

参考動画

ヒント　半個分の水平移動

菱形の幅の半分の距離を水平方向に移動させる場合、一番速いのはスマートガイドを利用して、交差や中心に合わせて移動コピーすることです。

しかしスマートガイドは慣れが必要なので、上手くできないこともあります。その場合は菱形の幅の数値を変形パネルなどから調べ、選択ツールでReturn（Enter）キーを押し、移動ダイアログに幅の数値の半分を入力してコピーすると正確に移動コピーできます。

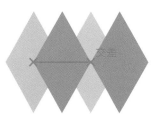

スマートガイド

選択ツール>移動

配色に困ったときは？

パターンを作る上で地味に困るのが配色です。相性の良い色の組み合わせを効率的に探すには、ウィンドウ＞カラーガイドを活用するのがオススメです。

ここをクリックすると選択中の色がベースカラーに

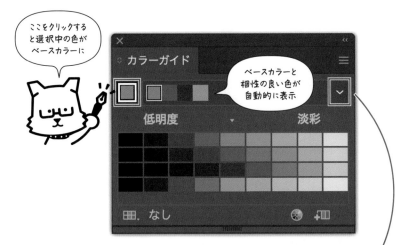

ベースカラーと相性の良い色が自動的に表示

組み合わせのルールを変更もできます

33

大きくなるハート模様

「移動」や「個別に変形」などの機能を
活用することですばやく作成できます。
なお、ハート以外の模様を使っても大丈夫です。

P016のハートを用意し、縮小する（これが最小のハートになります）。

選択ツールで選択し、Return（Enter）で「移動」を表示。

水平方向と垂直方向に同じ数値を入力し、コピーをクリック。

全選択し、オブジェクト＞変形＞個別に変形を開く。

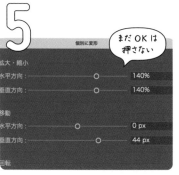

140％程度に拡大し、移動の垂直方向を手順3の倍の数値に。 ヒント

個別に変形に数値を入力したら「コピー」をクリック。 ヒント

複製を選択したまま次ページへ

 ヒント　個別に変形

拡大や移動など、複数の変形を同時に適用できる機能です。

また、選択している複数のオブジェクトを一括で変形できます。

「OK」は選択オブジェクトが変形するだけですが、「コピー」は元のオブジェクトはそのまま、変形したオブジェクトがコピーされます。

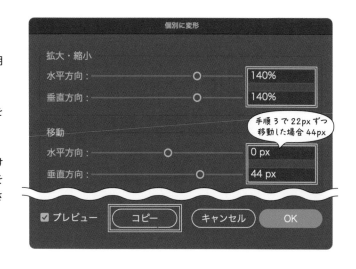

オブジェクト＞変形＞変形の繰り
返しを数回適用。

全選択し、Return（Enter）で「移
動」を表示。

水平方向に手順3の倍の数値を入
力して、コピーをクリック。

オブジェクト＞変形＞変形の繰り
返し を数回適用して完成。

教えてコロさん！レシピの早わかり解説

CHAPTER 1 イラスト

CHAPTER 2 パターン

CHAPTER 3 フレーム

CHAPTER 4 タイポ&ロゴ

CHAPTER 5 インフォグラフィック

シンボルを活用しよう

手順1で用意したハートを使って作業を進める前に、ウィンドウ>シンボルを開き、ハートをシンボルパネルにドラッグ＆ドロップしてシンボル化。その後に作業を進めて完成させてください。

ハートと同サイズの星のパスを用意し、Option（Alt）キーを押しながらシンボルパネル内のハートの上にドラッグ＆ドロップすると、ハートの模様がすべて星に差し替えされます。シンボルへのリンクを解除すれば、以後は差し替えされなくなるので、別のパスで同じような模様をたくさん作れます。

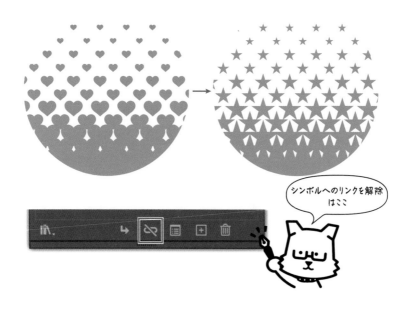

シンボルへのリンクを解除はここ

34

幾何学な三角モザイク

たくさんのタイルの色をランダムに変化させたい場合は、
「カラーを編集」で色の差分を作り「オブジェクトを再配色」で
色をランダムに入れ替えるのが効率的です。

多角形ツールでアートボードをクリックし、辺の数を3にして三角形を描く。

2で割り切れる数が良いです

変形パネルから縦横比を固定し、幅（W）を整数値に。

オブジェクト>リピート>グリッドを適用。

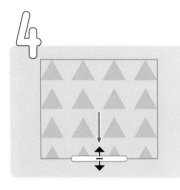

選択し、右や下の角丸のバーで必要な範囲まで広げる。

リピートオプションから、行と列ともに垂直方向に反転。 ヒント

スキマなくピッタリ並べる

水平の間隔を三角形の幅の半分をマイナスで、垂直を0で。 ヒント

次のページへ

 ヒント　**リピート>グリッド**

円状に並べるラジアルとは異なり、パターンのように縦横に隙間なく敷き詰めるリピートです。

ラジアルと同様に、**ウィンドウ>プロパティ**を開き、リピートを適用したオブジェクトを選択するとリピートオプションが表示されます。

三角形同士の間 0px　　三角形同士の間 −15px

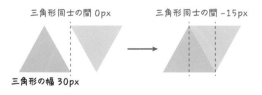

三角形の幅 30px

オブジェクト＞分割・拡張でパス化する。

ダイレクト選択ツールで、三角形を1つ選択して色を変更。

手順8の三角形の重ね順を最前面へ移動する。

全選択し、編集＞カラーを編集＞前後にブレンドを適用。

全選択し、編集＞カラーを編集＞オブジェクトを再配色。

完成

「カラー配列をランダムに変更」をクリックして完成。 ヒント

ヒント　カラー配列をランダムに変更

選択しているオブジェクトの色を一括調整する「オブジェクトを再配色」の機能の1つです。使用している色をランダムに入れ替えます。

クリックごとに配色がシャッフルされます

教えてコロさん！ レシピの早わかり解説

前後にブレンドって？

手順10で使用した「前後にブレンド」の意味が難しかった人も多いでしょう。
これは、選択しているオブジェクトのうち、重ね順が一番上と一番下のオブジェ
クトの色で、選択オブジェクトすべての色を段階的に変化させる機能です。重
ね順が中間のオブジェクトの色、もしくは線の色はブレンドに反映されません。

ちなみに、Illustratorには「ブレンドツール」という機能もありますが、それとは
別の機能です。

重ね順が
一番下

重ね順が
一番上

前後にブレンド

手順 10 が上手くいかないときは
重ね順を確認しよう

RECIPE

35

複雑なポリゴンモザイク

オブジェクトの形状を自由にゆがめたり曲げたりしたいときは、
CC新機能の「パペットワープ」が便利です。
「単純化」と組み合わせて不規則なモザイク模様を作りましょう。

1

P114で作成した三角モザイクを用意する。

2

全選択し、パペットワープツールに切り替え。

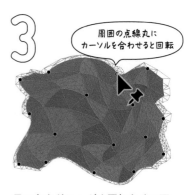

3

周囲の点線丸にカーソルを合わせると回転

黒い丸をドラッグや回転させて不規則にゆがませる。

4

全選択しオブジェクト＞パス＞単純化。右側の…をクリック。

完成

しきい値を滑らかにし、直線に変換をチェックして完成。 ヒント

ヒント **単純化**

パスの形状を維持したまま、アンカーポイントの数を減らして軽量化する機能です。

「直線に変換」をチェックすることで、すべてのパスを直線に変換できます。これにより、パペットワープで曲がったりズレたりした線を整えることができます。

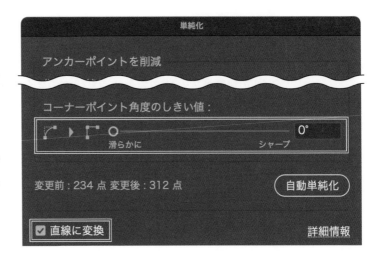

単純化

アンカーポイントを削減

コーナーポイント角度のしきい値：

滑らかに　　　　シャープ　　0°

変更前：234 点　変更後：312 点　　自動単純化

☑ 直線に変換　　　　詳細情報

COLUMN

パターンを中心に揃えたい！

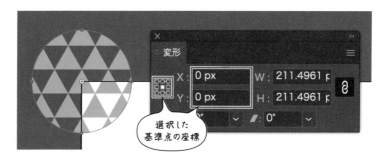

選択した
基準点の座標

パターンスウォッチは、じつは最初に作成されたアートボードの左上の角
（X:0、Y:0）を基準にしています。パスを選択し、変形パネルの基準点を中
心に合わせ、XとYを0に。そしてタイルの種類がレンガ、もしくは六角形
のパターンを適用するとちょうどパスの中心にパターンの中心が揃います
（合わないときはもう一度パターンを適用して、パターンの位置や大きさを
リセットしてみましょう）。

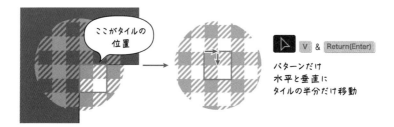

ここがタイルの
位置

パターンだけ
水平と垂直に
タイルの半分だけ移動

タイルの種類がグリッドの場合は、パターンのタイルの左上の角がアート
ボードの角に合うため、上の手順で一度中心に合わせた後、タイルサイズ
の半分の値だけ右下にパターンのみを移動させる必要があります。

パターンのみ変形は
P070参照

CHAPTER

3

フレーム

フレームは配置する文字数やサイズよって、
その都度データを微調整しなければなりません。
この章では、修正が簡単で変形させても
デザインが崩れないフレームの作り方を中心に紹介します。
アピアランスやブラシを活用した、
応用に強いアイデア満載のレシピです。

36

シックな内側角丸フレーム

ライブコーナーを活用して、角が内側へ丸く凹んだフレームを
簡単に作りましょう。また、アピアランスを活用すれば修正に
強い飾り枠にすることもできます。

長方形ツールで長方形を描く（縦横比は自由に設定）。

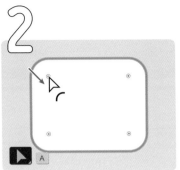

ダイレクト選択ツールに変更し、ライブコーナーで角を丸くする。

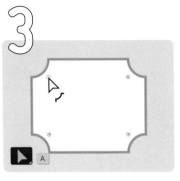

丸印をダイレクト選択ツールでOption（Alt）＋クリック。

ウィンドウ＞アピアランスで新規線を追加。

片方の線が選択状態になっているのを確認する。

効果＞パス＞パスのオフセットでマイナスの数値を入力して縮小。

完成

もう片方の線を選択し、線幅を太く調整して完成。

パスのオフセットが上図と違う場所に表示された場合は、ドラッグで移動させることができます。

123

RECIPE

37

小粋な二角丸フレーム

「内側角丸フレーム」のレシピを応用して、
角が2つの丸でつながった柔らかな印象の
フレームを作ってみましょう。

長方形ツールで少しだけ横長の長方形を描く。

回転ツールで、Shift + Option（Alt）ドラッグで90度回転コピー。

全選択し、ライブコーナーで角を丸くする。

パスファインダー>合体で結合する。

ウィンドウ>アピアランスで新規線を追加。

片方の線を選択し、効果>パス>パスのオフセットで縮小。

完成

それぞれ線幅を調整して完成。

RECIPE

38

クラシカルな曲線フレーム

滑らかな波線を組み合わせたフレームを作りましょう。
波線は、効果で描いてから複製して組み合わせるのが簡単です。

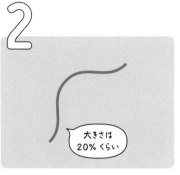

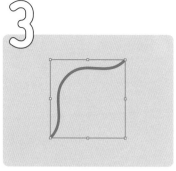

直線ツールでShift＋ドラッグしながら斜め45度の直線を描く。

効果>パスの変形>ジグザグを、折り返し1、滑らかにで適用。 **ヒント**

選択し、**オブジェクト>アピアランスを分割**でパス化。

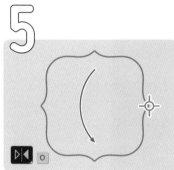

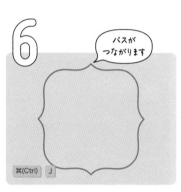

リフレクトツールで右上の角を基準に反転コピーする。

全選択し、リフレクトツールで右側の角を基準に反転コピー。

全選択し、**オブジェクト>パス>連結**でパスを結合する。

次のページへ

ヒント 効果のジグザグ

大きさの「パーセント」は、適用しているパスの長さの割合に応じてジグザグの振れ幅が大きくなり、「入力値」は指定した数値の通りの振れ幅になります。

「折り返し」は、アンカーポイントとアンカーポイントの間に「いくつ山を作るか」という設定です。

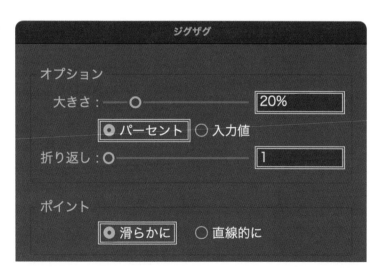

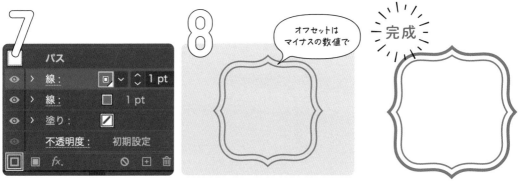

選択し、ウィンドウ＞アピアランスから新規線を追加する。

片方の線を選択し、効果＞パス＞パスのオフセットで縮小。

塗り線の色や線幅を整えて完成。

パーセントと入力値って？

手順2で使用した、効果のジグザグの設定項目に「パーセント」と「入力値」があります。これは、効果のラフや効果のランダム・ひねりなど、さまざまな効果で使用します。

「パーセント」は、効果を適用するパスの長さに対し、「何％の大きさで変化させるか」という設定です。つまりパスが長いほど変化も大きくなります。

対して「入力値」は、入力した数値の分だけ変化させる設定です。パスの長さに関係なく、固定した変化の大きさになります。

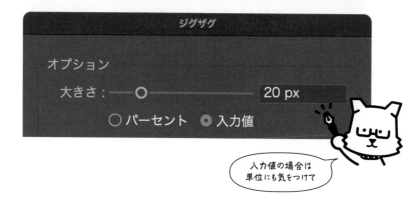

入力値の場合は
単位にも気をつけて

ダイレクト選択ツールで
端を移動させると…

自動的に
斜線が増減!

RECIPE

39

伸ばせるボーダーライン

ブレンドとは、2つ以上のオブジェクトに適用し、
中間の形状のオブジェクトを自動生成する機能です。
これを使えば、後から自在に数を増やせるボーダー飾りを作れます。

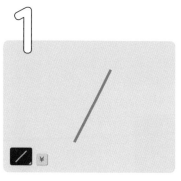

直線ツールで斜め直線を描く。

線端を「丸型線端」に変更し、線幅を太くする。

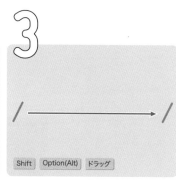

直線を水平方向の離れた位置に移動コピーする。

2本の斜線を選択し、オブジェクト>ブレンド>作成。

選択し、オブジェクト>ブレンド>ブレンドオプションを開く。

完成

間隔を「距離」に変更し、数値を調整して完成。 ヒント

ヒント　ブレンドオプション>間隔

間隔のデフォルトは「スムーズカラー」になっています。これはオブジェクトの形状によって、中間オブジェクトの数を自動調整する設定です。

対して「距離」は、入力した数値ごとに中間オブジェクトを生成する設定です。そのため、両端のオブジェクトの間隔が広いほど数が増えていきます。

RECIPE

40

王道の切手フレーム

切手のギザギザを作るには、四角形のパス上に
正円を一定間隔で並べ、パスファインダーで加工する必要があります。
破線を応用してすばやく作成しましょう。

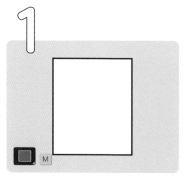

長方形ツールで長方形を描き、塗りと線の色を設定する。

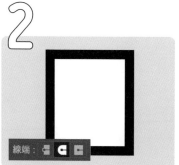

線パネルから線幅を太くし、線端を「丸型線端」に変更。

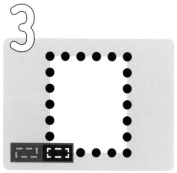

破線を適用し、線分を0、間隔を広げ、先端を整列。 ヒント

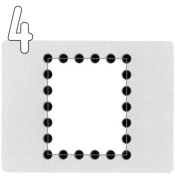

オブジェクト＞パス＞パスのアウトラインでパス化。

完成

パスファインダー＞前面オブジェクトで型抜きを適用して完成。

ヒント 　丸破線

破線の線分を0に、線端を「丸型線端」にすることで、破線の線分を正円にすることができます。

破線はあくまで見た目だけの状態です。実際のパスではないので、そのままパスファインダーを適用しても型抜きはされません。加工をするには、手順4の「パスのアウトライン」を適用してパス化する必要があります。

拡大すると自動的に
モコモコが増えます

41

モコモコした雲フレーム

破線は、パスの形状に応じて位置や線の数が調整されます。
これを活用することで、変形すると自動的にモコモコが増減する
不思議な雲のオブジェクトを作成することが可能です。

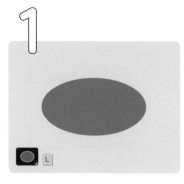

楕円形ツールで楕円形を描き、塗りと線を同じ色に設定。

線パネルから線幅を大きく、線端を「丸型線端」に変更する。

丸い破線は
P133参照

破線を適用し、すべての線分を0、間隔はランダムに入力。 ヒント

破線の設定を「コーナーやパス先端に破線の先端を整列」に設定。

完成

効果＞パスの変形＞ラフをポイント「丸く」で適用して完成。

丸い破線は P133参照

ヒント 破線の間隔をランダムに

破線の「線分」と「間隔」の数値を複数入力した場合、左から順番にその数値通りの破線になり、また左から繰り返すループになります。間隔の数値を不規則にすることで、破線の間隔が擬似的にランダムに変化しているような見た目にできます。

この作例では、間隔の数値は線幅よりひと回り小さくしておきましょう。

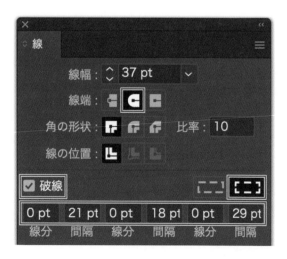

高さに応じて
穴が増える！

42

穴あきメモ帳フレーム

破線とアピアランスを活用すると、フレームの高さに応じて
横の穴の数が自動的に増えていきます。手軽に調整できるので、
冊子などで何度も使用する場合に便利です。

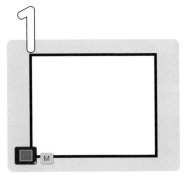

長方形ツールで長方形を描き、塗りと線を設定。

ウィンドウ>アピアランスから線を選択状態にする。

効果>パス>パスのオフセットでマイナスの数値を入力して縮小。

線を選択し、効果>パスの変形>変形を適用。（次へ続く）。

拡大・縮小の水平方向を0に、基準点を左中央に変更。 ヒント

線パネルから線幅を太くし、線端を「丸型線端」に変更。

次のページへ

 効果>変形

長方形を水平方向に0％縮小すると、直線にすることができます。

また、基準点を左側に変更すると、元のパスの左端に向かって縮小されていきます。

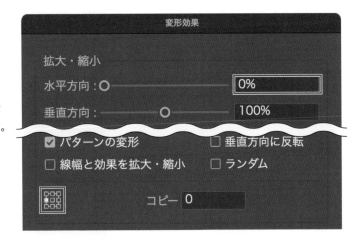

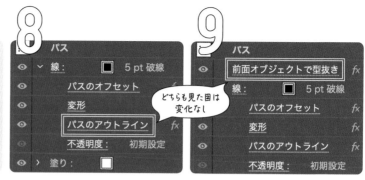

破線をチェックし、線分を0、間隔に適当な数値を入力する。

線を選択し、効果>パス>パスのアウトラインを適用。

効果>パスファインダー>前面オブジェクトで型抜きを適用。

フレームを変形するときは「線幅と効果を拡大・縮小」のオンオフに注意（P039参照）。

手順9の効果を、塗り線の下に移動させて完成。 ヒント

ヒント **前面オブジェクトで型抜きの位置**

手順9で効果を適用しても、オブジェクトの見た目は変化しません。右図のように、塗り線の下へドラッグで移動させると完成図のように変化します。

「塗りの中」ではなく塗りの外側になるよう注意!

ドラッグで移動

効果の順番の意味って？

効果はアピアランスパネル内の配置場所や、適用する順番によって見た目が変化します。一見複雑そうですが、じつはごくシンプルなルールにしたがって処理されています。

効果は上から順番に処理される

複数の効果を適用した場合、上にあるものから順番に効果が適用されていきます。

効果は配置場所によって適用範囲が異なる

塗りと線の中に効果を入れた場合、その塗り線に対してのみ効果が適用されます。塗り線の上の場合は元々のパスの形に対して、塗り線の下の場合はすべての塗り線に対して適用されます。

手順9や最終の工程で効果パスファインダーの順番を入れ替えて見た目が変化したのは、手順9では元々のパス単体に対してパスファインダーを適用しても何の意味ないため変化せず、最終の工程で塗り線の下に移動することで、形が変化したあとの塗りと線にパスファインダーをかけたためです。

アピアランス技が
うまくいかないときは
適用する順番と場所を
よく確認しましょう

43

繊細なレースコースター

楕円形をリピートで加工するだけで、複雑な模様の
レースコースターが簡単に描けます。楕円の形や線幅で模様は
変化するので、何度か試してみると良いでしょう。

楕円形ツールで、縦長の楕円を描く。色は線のみで線幅を太くする。

オブジェクト＞リピート＞ラジアルを適用。

リピートは
P041参照

リピートのインスタンス数を12程度にし、半径を小さくする。

さらにオブジェクト＞リピート＞ラジアルを適用。

インスタンス数を18程度にし、半径を大きくする。

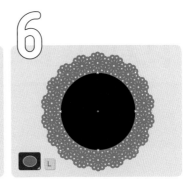

楕円形ツールで中心に塗りの正円を描く。

手順6より少しだけ大きな正円を描き、色を線だけにする。

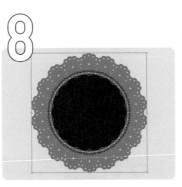

全選択し、オブジェクト＞透明部分を分割・統合でパス化。

完成

パスファインダー＞合体で結合して完成。

読書感想文

RECIPE

44

文字にピッタリ揃う原稿用紙枠

四角形の中心に文字がピッタリ収まるよう調整するのは大変です。
手作業で行うよりも、余白と枠の大きさをきっちり計算して
作る方がはるかに効率的です。

1文字がピッタリ収まる大きさの正方形を描く。

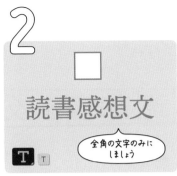

文字を用意。フォントサイズは正方形の辺の長さと同じにする。

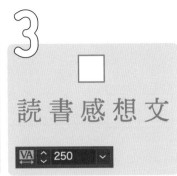

文字を選択し、文字パネルからトラッキングを250に設定。 ヒント

整列パネルで「水平方向左」、「垂直方向上」をクリックして整列。

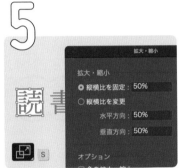

正方形を選択し、拡大・縮小ツールに切り替えてReturn（Enter）。

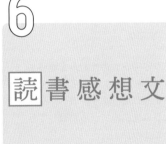

「縦横比を固定」にチェックし、125％に拡大する。

次のページへ

ヒント　文字>トラッキング

トラッキングとは、文字と文字の余白の設定です。文字パネルにある2つの「VA」アイコンのうち、右側がトラッキングになります。詳しくは次のコラムにて。

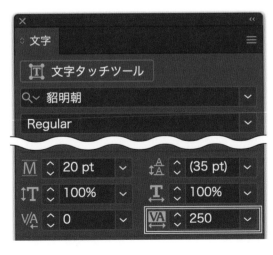

7

読書感想文　読書感想文

`Shift` `Option(Alt)` `ドラッグ`

`⌘(Ctrl)` `D`

正方形を横に接するように移動コ
ピーする。

オブジェクト＞変形＞変形の繰り
返しで複製して完成。

（ オマケ ）

トラッキングの仕組みを理解す
れば、右図のような応用もでき
るようになります。次ページの
コラムを読んでから挑戦してみ
ましょう。

トラッキングの数値の意味って？

文字パネルには「カーニング」と「トラッキング」という項目があり、どちらも文字同士の間隔の設定です。そのうち「トラッキング」は、テキストオブジェクト全体の文字同士の余白を調整するための機能です。

トラッキング 0

山路を登りながら

トラッキング 250

山路を登りながら

トラッキング 1000

山路を登りながら

数値が1000になると、ちょうど1文字分の余白が空きます。つまり250でフォントサイズの4分の1の余白になります。20ptの文字に対してトラッキングを250に設定すると、5pt分の余白が空くことになります。

「カーニング」は文字ごとに個別の余白の設定です。

アンカーポイントに合わせて
トゲを移動や増減できます

45

パンクな爆弾フキダシ

不規則にとがり爆発したようなフキダシは、普通に作ると
後から形状の微調整をするのが非常に大変です。
アピアランスを活用して効率的に作成しましょう。

後で調整できるので
テキトーでOK

ペンツールで、直線のみの不規則
なパスを描く。

パスを選択した状態で、アピアラ
ンスパネルから「塗り」を選択。

効果>パスの変形>パンク・膨張
を-40％で適用。

効果>パス>パスのオフセットを
小さい負の値で適用。

細長いトゲが
なくなる!

パスのオフセットをパンク・膨張
の下へ移動。 ヒント

塗りを選択し「選択した項目を複
製」をクリック。

次のページへ

 効果の順番

P139で解説した通り、効果はアピアランスの上から順番に
処理されるため、順番が入れ替わると結果も変化します。

ここでは、効果の「パンク・膨張」で必要以上にとがったパ
スを修正するために、効果の「パスのオフセット」を使うの
で、オフセットが下になるように配置してください。

上にある塗りの色を白に変更。

白い塗りの「パンク・膨張」の数値を-50％に修正する。 ヒント

白い塗りのパスのオフセットを負の方向に大きくして完成。 ヒント

ヒント　効果の再編集

一度適用した効果は、アピアランスパネルで効果の名前をクリックすることで再編集できます。

白い塗りの中の効果を編集してください。

参考動画

（オマケ）

アピアランスはパスの形状が変更さ
れると、変更後の形に対して再び効
果などを処理します。そのためパス
の形状を変更すると、それに合わせ
てアピアランスによる見た目も変化
します。

ダイレクト選択ツールで、アンカー
ポイントを選択して移動させるとト
ゲの位置も移動します。また、ペン
ツールでアンカーポイントの数を増
やすとトゲの数も増えます。これを
利用すればフキダシの形を微調整し
たり、さまざまなバリエーションを
作ることが効率的に行えます。

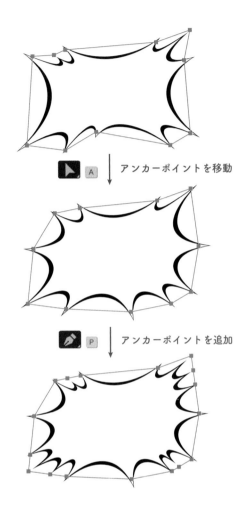

アンカーポイントを移動

アンカーポイントを追加

ダイレクト選択ツールで
後から移動できます

RECIPE

46

漫画風のコマ割り

漫画風のコマ割りをアピアランスで作ると、コマの形や数、
余白の太さなどを簡単に修正できます。完成後は、
ウィンドウ>アピアランスを分割で見た目通りのパスに変換できます。

大きな長方形を描く。線の位置を
「線を中央に揃える」にする。

長方形から少しはみ出すようにコ
マ割りの直線を描く。

コマ割りの余白部分になる直線の
線幅を太くする。

直線のみを選択し、オブジェクト
＞グループを適用。

直線グループに、効果＞パス＞パ
スのアウトラインを適用する。

全選択し、オブジェクト＞グルー
プを適用してグループ化。

効果＞パスファインダー＞前面オ
ブジェクトで型抜きを適用で完成。

参考動画

47

しっぽが動くフキダシ

フキダシのしっぽをパスで直接加工した場合、フキダシの形や
しっぽの位置を変更するのがとても面倒です。効果>パスファインダーで
擬似的に結合させて、修正に強いデータを作りましょう。

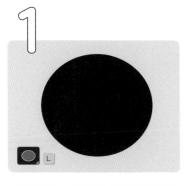

楕円形ツールで少し横長の楕円を描く。

効果＞ワープ＞でこぼこを水平方向にカーブ-15％程度で適用。

直線ツールで、円の中心から外へはみ出すように直線を描く。

線幅を太くし、プロファイルを「線幅プロファイル4」に変更。

線を選択し効果＞ワープ＞絞り込みをカーブ50％で適用。ヒント

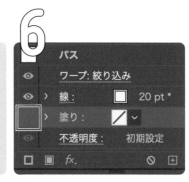

直線を選択し、アピアランスパネルから塗りを非表示に。

次のページへ

 ワープ＞絞り込み

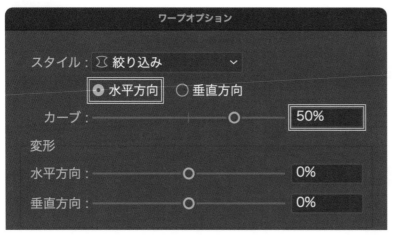

全選択し、オブジェクト > グループ
を適用してグループ化。

グループを選択し、効果 > パスフ
ァインダー > 追加を適用。 ヒント

アピアランスで新規線を追加し、
線幅などを整えて完成。 ヒント

ヒント　**グループのアピアランス**

アピアランスは、オブジェクト単体とは別にグループに
も適用が可能です。オブジェクト単体のアピアランスの
上に、さらに重ねがけができます。

グループにアピアランスを適用しても、オブジェクト単
体のアピアランスはそのまま残っています。そのためダ
イレクト選択ツールなどでオブジェクトを個別に選択す
ると、アピアランスパネルに個別のアピアランスを表示・
編集できます。

グループを解除すると
グループのアピアランスは
消えるので注意

参考動画

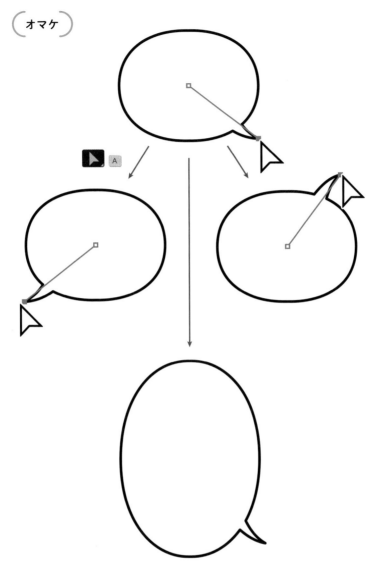

（オマケ）

ダイレクト選択ツール（A）を使い、直線の外側のアンカーポイントを移動させることで、吹き出しの向きを変更できます。その際にしっぽ部分の曲がり具合は自動的に調整されます。

また、楕円形をダイレクト選択ツールで選択して変形しても大丈夫です。これを1つ作っておけば、フキダシを何種類も作る必要はなくなります。

パスの長さによって
三角が増えていきます

48

ポップなフラッグガーランド

オブジェクトを曲線に沿って連続して並べる場合は、
パターンブラシを自作するのが便利です。
ブラシ作成の基本を学びましょう。

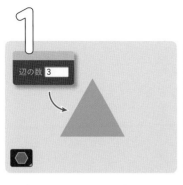

多角形ツールでアートボードをクリックし、辺の数を3に変更。

角が接するように横へ移動コピーし、片方の色を変更。

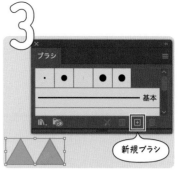

全選択し、ウィンドウ>ブラシを開き新規ブラシをクリック。

パターンブラシを選択し、OKをクリックする。

パターンブラシオプションは、何も設定せずOKをクリック。

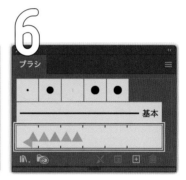

ブラシパネルから作成したブラシをクリック。

完成

ブラシツールで曲線を描いて完成。

オマケ

●線幅によってブラシの大きさを調整できます

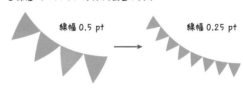

線幅 0.5 pt　　　　線幅 0.25 pt

●ブラシの向きが逆の場合は、オブジェクト>パス>パスの方向反転

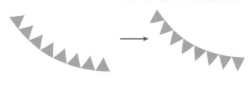

RECIPE

49

放射状の太陽フレーム

ロゴなどでよく使われる太陽の光のようなシンボルは、
自作ブラシにしておくと調整やバリエーションが作りやすくなります。
ブラシの設定を使いこなしていきましょう。

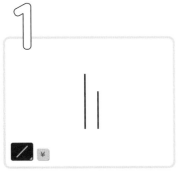

直線ツールで長さの異なる垂直線を2本描き、下で揃える。

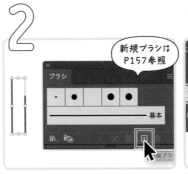

全選択し、新規ブラシを作成。パターンブラシを選択。

新規ブラシは
P157参照

間隔：80%

線の間隔が
均等になるように

画面下のプレビューを参考に、間隔の数値を設定する。 ヒント

次のページへ

ヒント **パターンブラシ>間隔**

パターンブラシは、登録したオブジェクトをパスに沿って連続で配置するブラシです。そのオブジェクト同士の間隔は、デフォルトではピッタリと接した状態になります。

作例のように適度に距離をとりたい場合は、パターンブラシオプションから「間隔」という数値を調整しましょう。下のプレビュー画面で間隔の空き具合が確認ができます。

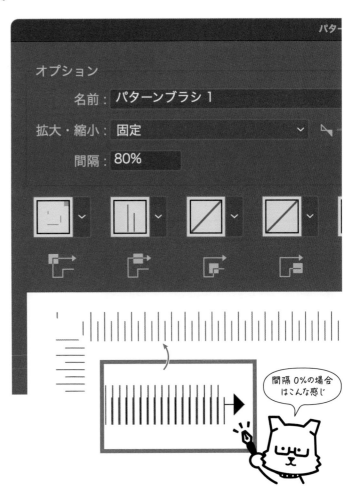

間隔 0%の場合
はこんな感じ

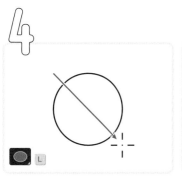

楕円形ツールで、右下へShift＋ド
ラッグして正円を描く。

正円を選択し、ブラシパネルから
作成したブラシを適用。

線パネルから線幅を調整して完成。

ヒント　**ブラシの向きを反転**

手順5〜6でブラシが逆向きになってしまった場合
は、ブラシを適用したオブジェクトを選択し、オブジ
ェクト＞パス＞パスの方向反転で反転できます。

もしくはブラシパネルの「選択中のオブジェクトの
オプション」から「反転」の項目にチェックすると良
いでしょう。

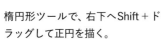

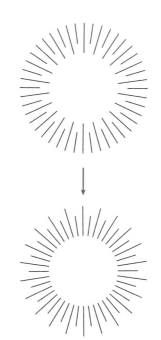

(オマケ)

曲線にブラシを適用した場合、
両端の線の長さは揃いません。
その場合は手順1の2本の線の
うち、長い方をアートブラシの
一番右の空欄に、Option（Alt）
キーを押しながらドラッグ＆ド
ロップしてください。

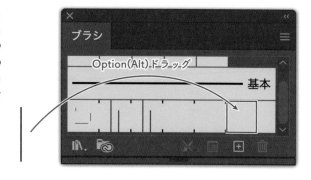

修正前ブラシ　　　　修正後ブラシ

今回は整った線でシンボルを作
りましたが、ランダムな長さや
途切れのある線で作ることもで
きます。動画を参考に挑戦して
みてください。

＼ 参考動画 ／

RECIPE

50

三つ打ちロープフレーム

ねじれた縄のような模様を作るときは、効果のジグザグで
作った滑らかな曲線パスを活用すると簡単です。繰り返すパスの位置が
重なっているパターンブラシを作るコツも勉強できます。

直線ツールで、Shiftを押しながらドラッグして水平線を描く。

効果>パスの変形>ジグザグを、折り返し1、滑らかにで適用。 ヒント

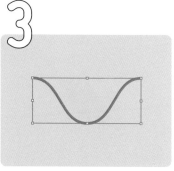

オブジェクト>アピアランスを分割でパス化。

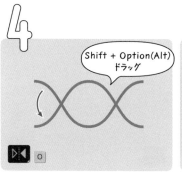

選択し、リフレクトツールで反転コピー。

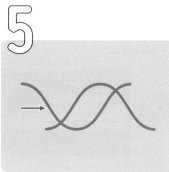

片方の線を水平方向に移動する。

シェイプ形成ツールで、中心部分をドラッグして結合。

両端のはみ出した線を削除する。

次のページへ

 効果のジグザグ

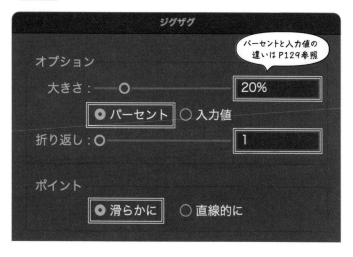

塗りと線を入れ替える。

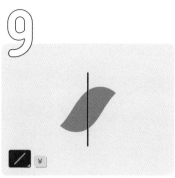

直線ツールで垂直線を描き、手順8のパスの中心に整列。

全選択し、パスファインダー＞分割でパスを分割する。

分割した片方を、少し隙間が空くように水平方向へ移動。

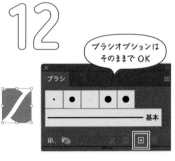

ブラシオプションはそのままでOK

全選択し、新規ブラシを作成。パターンブラシを選択する。

楕円形ツールで、上図のように線のみの正円を描く。

完成

作成したブラシを適用し、線幅を整えて完成。

（オマケ）

右図のように2色のロープフレームも簡単
にアレンジできます。まず手順8のオブジ
ェクトをコピーし、次に分割したパスで左
右を挟みブラシ化しましょう。

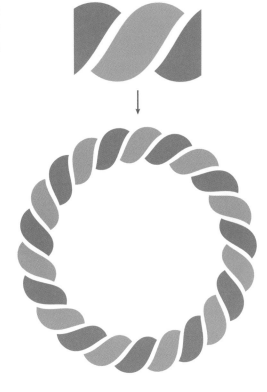

曲線を描いてブラシを適用し、線パネルか
らプロファイルを「線幅プロファイル1」に
変更すると、両端が細いしめ縄のようなフ
レームになります。

プロファイル：

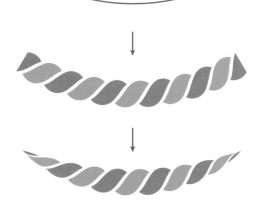

お洒落リボンフレーム

リボンの滑らかな曲線は、効果のワープを活用して描けます。
細かな処理もアピアランスで済ませることで、
長さや曲がり方も後から調整できるようになります。

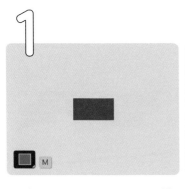

長方形ツールで、上図のような横長の長方形を描く。

長方形が少し重なるように、右下へ移動コピー。

コピーした長方形を、右方向へ拡大する。

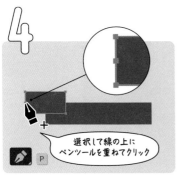

ペンツールで長方形の左辺中央にアンカーポイントを追加。

ダイレクト選択ツールで、アンカーポイントを右側へ水平移動。

左側のパスを選択し、回転ツールで右側のパスの中心をクリックする。 ヒント

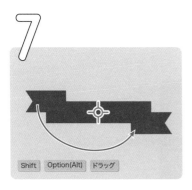

Shift + Option（Alt）を押しながらドラッグで回転コピー。 ヒント

手順6〜7が難しい場合は…

3つのパスを手作業で大体の位置に並べ、整列パネルの「垂直方向中央に分布」、「水平方向中央に分布」をクリックするときれいに並びます。

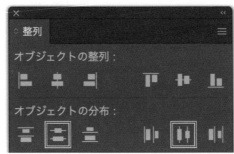

次のページへ

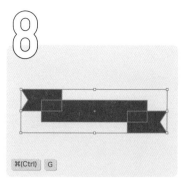

⌘(Ctrl) G

全選択し、オブジェクト＞グループ
を適用してグループ化。

効果＞ワープ＞旗を、水平方向に
カーブ30％程度で適用。 ヒント

見た目は
変化なし

効果＞パスファインダー＞刈り込
みを適用する。

完成

効果＞パス＞パスのオフセットを
マイナスに適用して完成。

ヒント 効果>ワープ>旗

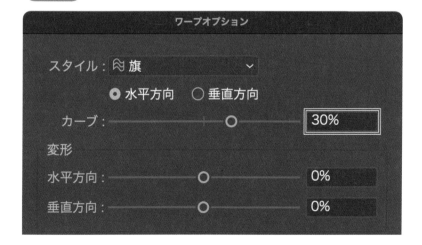

（ オマケ ）

左右にあるリボンのパーツを下側に揃え、手順9のワープを「旗」ではなく「円弧」にすると、アーチ状のリボンが作れます。

リボンはアピアランスで加工しているため、引き伸ばしも簡単にできます。ダイレクト選択ツールで右図のように半分のアンカーポイントを選択し、横へ移動すると形を崩さずに長いリボンが作れます。

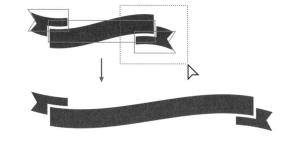

オブジェクト＞アピアランスを分割で、見た目通りのパスに変換できます。そのパスの中心部分の曲線をダイレクト選択ツールで選択してコピー＆ペーストし、パス上文字ツールでクリックすると曲線に沿って文字が入力できます。

RECIPE

52

月桂樹の冠フレーム

月桂樹の葉は左右交互に、先端に向かって小さくなっていきます。
このように複数の変形を何度も繰り返す場合は、効果の変形が便利です。

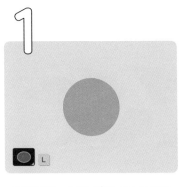

楷円形ツールで、塗りのみの正円
を描く。

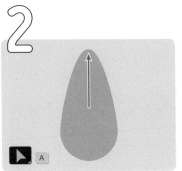

ダイレクト選択ツールで、頂点の
アンカーポイントを上へ移動。

アンカーポイントツールで、移動
させたアンカーをクリック。

効果＞ワープ＞旗を垂直方向にチ
ェックしカーブ-15％程度で適用。

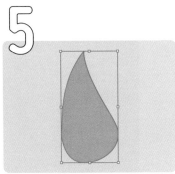

オブジェクト＞アピアランスを分
割でパス化する。

オブジェクト＞パス＞単純化でパ
スを滑らかに。 ヒント

時計回りに少し回転させる。

 パスの単純化

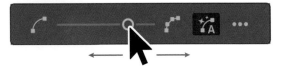

スライダーを左右にドラッグすることで、選択してい
るパスの形状を維持したまま、アンカーポイントの数
を減らしたり、線を滑らかにさせたりできる機能です。

次のページへ

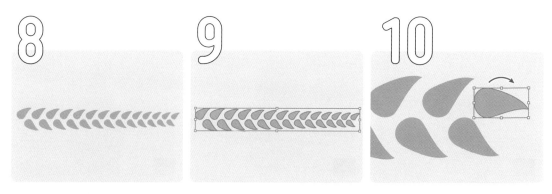

8 効果>パスの変形>変形を、右下図のように設定。 ヒント

9 オブジェクト>アピアランスを分割でパス化。

10 右端のパスの角度を修正する。

11 左端に茎のパスを作成する。

次のページへ

 変形効果>コピー

コピーの数値を1以上に設定すると、元の形状のオブジェクトは残したままで、変形を適用した状態のオブジェクトがアピアランス上でコピーされます。また、コピーの数だけ変形は繰り返し適用されるため、例えば縮小すればコピーするごとに小さくなっていきます。

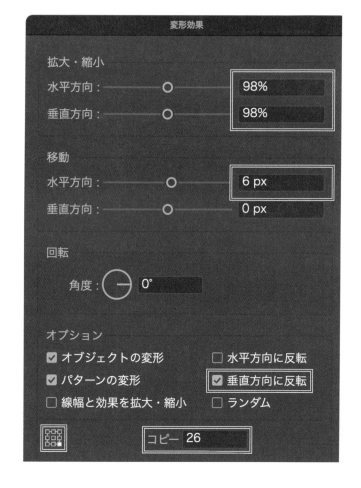

変形効果

拡大・縮小
水平方向： 98%
垂直方向： 98%

移動
水平方向： 6 px
垂直方向： 0 px

回転
角度： 0°

オプション
☑ オブジェクトの変形　　☐ 水平方向に反転
☑ パターンの変形　　　　☑ 垂直方向に反転
☐ 線幅と効果を拡大・縮小　☐ ランダム

コピー 26

全選択し、ブラシパネルから新規ブラシ>アートブラシを選択。

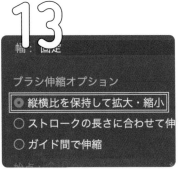

開いたダイアログで「縦横比を保持して拡大・縮小」を選択してOK。

楕円形ツールで正円を描き、左半分を削除する。

半円を選択し、鉛筆ツールで下から逆向きの曲線を描き足す。

選択し、作成したアートブラシを適用する。

リフレクトツールで反転コピーし、位置を調整。

完成

反転した方をオプションから軸を基準に反転して完成。

選択中のオブジェクトのオプション

パスに対してブラシの向きなどを設定したい場合は、ブラシパネルの「選択中のオブジェクトのオプション」というボタンをクリックし、「反転」の項目をチェックしてください。

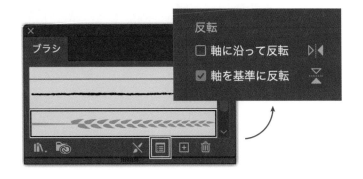

COLUMN

イラレの機能を覚えきれない！

3章までを経てさまざまなツールをご紹介してきましたが、「機能が多すぎて覚えきれない！」と困っている方も多いのではないでしょうか。

しかしご安心を。以前にSNSでプロのIllustratorユーザーの方々に「イラレの機能をどれくらい使いこなせているか」と質問してみたところ、約70％の人が30％程度しか使えないと回答しています。

もちろんSNSでのアンケートなので正確なデータではありませんが、実際にプロの方でも機能のほとんどを使いこなせていない人は珍しくありません。結局のところイラレは道具でしかなく、それを使って何を作るかが重要なので、機能を覚えることに注力しすぎるのもまた問題です。肩の力を抜いて、仕事の中で少しずつ必要な知識を身につけていきましょう。僕らはプロになっても勉強中です。

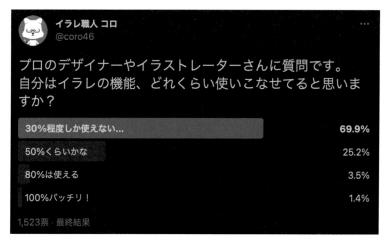

イラレ職人 コロ
@coro46

プロのデザイナーやイラストレーターさんに質問です。
自分はイラレの機能、どれくらい使いこなせてると思いますか？

30%程度しか使えない...	69.9%
50%くらいかな	25.2%
80%は使える	3.5%
100%バッチリ！	1.4%

1,523票・最終結果

ぶっちゃけ僕も6、7割くらいしか使えてないと思います

CHAPTER

4

タイポ&ロゴ

既存書体でデザインする、
タイポグラフィやロゴのアイデアを紹介します。
文字に施すさまざまな効果は、
アピアランスを駆使して無限にアレンジできます。
複雑な装飾設定はもちろん、細かな修正が
何度も行えるなど作業効率も格段に向上します。

Adobe Fonts を使おう

Adobe Fontsというサービスをご存じでしょうか。
その名の通りAdobeが提供している
フォント配信サービスで、Adobe CCの契約者であれば
高品質なフォントが使い放題になります。

本書が作例で使うフォントは
すべてAdobe Fontsです

・仕事などの商用利用もOKです。
・フォントデータを他の人に渡したりはできません。
・フォントが配信停止された場合、使えなくなる場合もあるので注意。

Adobe Fonts

Adobe Fonts

Adobe Fonts

Adobe Fonts

Adobe Fonts

Adobe Fonts

1 CCアプリから Adobe Fonts を起動

Adobe Creative Cloud のアプリを開き、WebのタブなどからAdobe Fonts を探して起動をクリック。

2 ブラウザから 欲しいフォントを探す

Adobe Fontsのサイトが開きます。欲しいフォントを探し、「ファミリーを表示」をクリック。

3 アクティベートをオンにする

アクティベートしてしばらく待つと、フォントがダウンロードされて使えるようになります。

後からテキストを
打ち替えできる！

REVERSE

53

スマートな反転文字

パスファインダーは基本的に元のパスの状態に戻すことはできません。
しかし複合シェイプという状態であれば加工した後でも
元のパスは残っており、移動させたり文字を打ち替えたりできます。

Option(Alt) クリックで
複合シェイプに

文字を用意する。作例は、Adobe Fonts の Bebas Neue Bold。

文字の上に、反転させたい図形を描き、全選択する。

Option（Alt）を押しながらパスファインダー>中マドで完成。

（ オマケ ）

このレシピで作成したオブジェクトは、後から文字の内容やフォントなどを自由に差し替えることができます。

文字をアウトライン化したい場合は、パスファインダーパネルの「拡張」をクリックしてください。書式メニューから文字をアウトライン化すると、反転部分が潰れてしまいます。

書式 >
アウトラインを作成

拡張

SALE

54

かわいい版ズレ文字

文字のデフォルトの塗り線は、重ね順を入れ替えたり個別に効果を
適用したりすることはできません。一度塗り線をなしにして、
アピアランスパネルで新しく塗り線を追加するのがコツです。

文字を用意する。作例は、Adobe Fonts の Futura PT Medium。

塗りと線の色をなしにする。

アピアランスから新規塗りと新規線を追加。重ね順は線を上にする。

アピアランスから塗りを選択。

効果 > パスの変形 > 変形で、右下へ移動させて完成。 ヒント

ヒント **効果の変形**

移動の水平方向と、垂直方向に同じ数値を入力すれば右下へ移動します。

今回は塗りのみに効果の変形を適用してください。もし塗りの外に適用してしまった場合は、ドラッグで塗りの中に移動させましょう。

変形効果	
拡大・縮小	
水平方向： ◯	100%
垂直方向： ◯	100%
移動	
水平方向： ◯	2 px
垂直方向： ◯	2 px

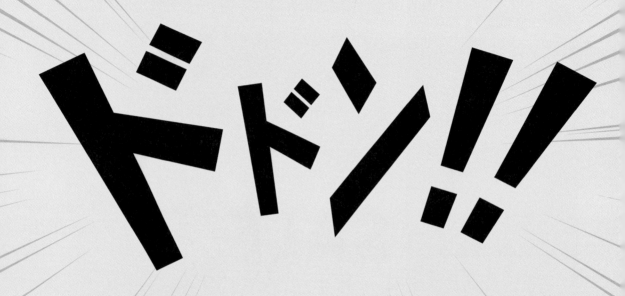

55

衝撃的なオノマトペ

既存のフォントに「効果」を組み合わせることで、
特徴的なタイポグラフィを作り出すこともできます。

文字を用意。作例は、AdobeFonts
の平成角ゴシック Std W9。

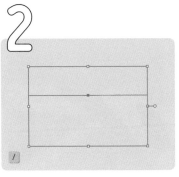

いったん塗りと線の色をなしに設
定する。

線は背景と
同じ色に

アピアランスから、新規塗りと新
規線を追加し、塗りを上にする。

効果>ワープ>円弧を、水平方向
にカーブ30％程度で適用。

効果>パスの変形>ジグザグの、
数値をすべて0、直線的に適用。

完成

Shift　T

文字タッチツールで、文字のバラ
ンスを整えて完成。 ヒント

ヒント　**文字タッチツール**

文字タッチツールは、比率や回転、位置など、文字パネルで行える
文字の個別の設定を、ドラッグで直感的に設定できるツールです。

文字パネルから選択（表示されていなければ、右上のメニューか
ら文字タッチツールをチェック）するか、ショートカットShift＋T
で呼び出せます。

変更したい文字を文字タッチツールでクリックすると、右図のよ
うなボックスが表示され、周囲の丸印をドラッグして操作します。

56

濃い光彩で印象的な文字

「効果」の光彩を利用して、文字の周りにぼんやりと光を入れることもできますが、
濃さに限界があります。もっと強い光彩が欲しいときや、
光彩にグラデーションを入れたいときは、効果のぼかしを使いましょう。

文字タッチツール（P183参照）を使うと便利です

文字を用意する。作例は、Adobe Fontsのかづらき SP2N L。

いったん塗りと線の色をなしに設定する。

アピアランスで、新規塗りと新規線を追加。重ね順は線を下に。

線の色をグラデーションに変更。

完成

線を選択し、効果>ぼかし>ぼかし（ガウス）を適用して完成。

RECIPE

57

味のある版画風文字

オブジェクトを版画のような雰囲気に加工したいときは、
「効果」のラフと「効果」のランダム・ひねりを
組み合わせるのが有効です。

文字を用意する。作例は、Adobe FontsのTA-ことだまR 150pt。

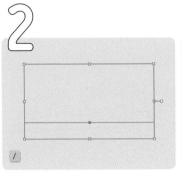

塗りと線の色をなしにする。

アピアランスで、新規塗りを2つ追加。下の色を白に。

効果>変形の移動はP181参照

白い塗りを選択し、効果>パスの変形>変形で右下へ移動。

上の塗りに効果>パスの変形>ランダム・ひねりを適用。ヒント

量で設定する数値はヒントを参照！

次のページへ

 ヒント　効果の「ランダム・ひねり」

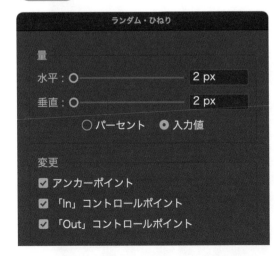

量は入力値で、水平垂直ともごく小さな数値で設定してください。

手順5のランダム・ひねりを、白い塗りの中にコピーする。 ヒント

効果>パスの変形>ラフを、サイズは小さく、詳細を大きく。

手順7のラフをアピアランスの一番下に移動する。

上の塗りの不透明度を開き、描画モードを「乗算」にして完成。

ヒント　効果のコピー

効果はアピアランスパネル上で、Option（Alt）キーを押しながらドラッグすると、元の効果は残したままドラッグ先にコピーされます。

「ランダム・ひねり」は、ラフの手前に1つだけでも構いませんが、塗りに対して別々に適用すると異なる変形をするので、より不規則なイメージが作れます。

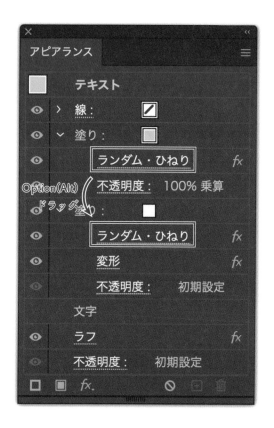

効果のランダム・ひねりって？

適用したパスの「アンカーポイント」と、「ハンドル」の位置をランダムで移動させる効果です。「量」で設定した数値を最大値として、「変更」でチェックをつけた項目のみを動かします。あくまで移動させるだけなので、効果ラフのようにアンカーポイントが増えたりはしません。

アンカーポイント ── ──ハンドル

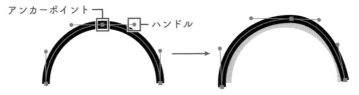

ランダム・ひねり

指定した方向のみ
移動します

量

水平： ○────────── 2 px

垂直： ○────────── 2 px

入力値とパーセントは
P129参照

○ パーセント　　● 入力値

変更

☑ アンカーポイント

☑ 「In」コントロールポイント

☑ 「Out」コントロールポイント

「In」はパスの始点側のハンドルを
「Out」は終点側のハンドルを移動

CHAPTER 1 イラスト

CHAPTER 2 パターン

CHAPTER 3 フレーム

CHAPTER 4 タイポ＆ロゴ

CHAPTER 5 インフォグラフィック

COFFEE

58

都会的な影付きロゴ

効果>パスファインダー>前面オブジェクトで型抜きは、
そのままではうまく文字に適用できません。
パスファインダーパネルから複合シェイプにしてから適用しましょう。

文字を用意する。作例は、Adobe Fontsの Bebas Neue Bold 100pt。

選択し、パスファインダーパネルから複合シェイプを作成。

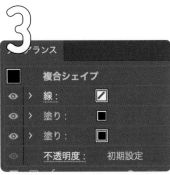

アピアランスパネルから、新規塗りを追加する。

塗りを1つ選択し、効果>パスの変形>変形を適用。(次へ続く)。

効果>変形のコピーは P172参照

移動の水平方向、垂直方向をともに2px、コピーを2にする。

効果>パスファインダー>前面オブジェクトで型抜きを適用。

完成

「前面オブジェクトで型抜き」を、「変形」の下に移動させて完成。

59

勢いよく飛び出すロゴ

「効果」の変形を利用し、ごくわずかな縮小と移動をコピーしながら
繰り返すことで、奥から飛び出したように見せることができます。
ワープと組み合わせてダイナミックなロゴを作りましょう。

1

文字を用意する。作例は、Octin College Hv-Regular Heavy。

2

文字パネルから垂直比率を150%に設定する。

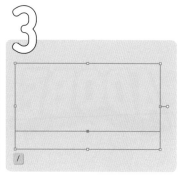

3

一度塗りと線の色をなしにする。

4

新規塗りを2つ追加し、上を白に、下を別の色に設定する。

5

効果＞ワープ＞下弦をカーブ-25、変形の垂直を10に変更。 ヒント

6

下の塗りに、効果＞パス＞パスのオフセットを「ラウンド」で適用。

次のページへ

ヒント ワープの変形

「効果」のワープは、スタイルに合わせてオブジェクトをゆがませることができます。それに加えて「変形」で台形状に変形することもできます。

ワープオプション
スタイル： 下弦
◉ 水平方向　　○ 垂直方向
カーブ： -25%
変形
水平方向： 0%
垂直方向： 10%

7

下の塗りに、効果＞パスの変形＞変形を、下図のように適用。**ヒント**

8

下の塗りに効果＞パスファインダー＞追加を適用する。

完成

手順8の「追加」を、手順7の「変形」の下に移動させて完成。

ヒント **効果＞変形**

各種数値は目安です。自由に調整してください。

変形効果

拡大・縮小

水平方向： ———○——— `99%`

垂直方向： ———○——— `99%`

移動

水平方向： ———○——— `0 px`

垂直方向： ———○——— `0.2 px`

回転

角度： `0°`

オプション

☑ オブジェクトの変形　　☐ 水平方向に反転

☐ パターンの変形　　　　☐ 垂直方向に反転

☑ 線幅と効果を拡大・縮小　☐ ランダム

コピー `30`

アピアランス

テキスト

		ワープ: 下弦		fx
👁	›	線:	▨	
👁	›	塗り:	⬜	
👁	˅	塗り:	◼	
👁		パスのオフセット		fx
👁		変形		fx
👁		追加		fx
👁		不透明度:	初期設定	
		文字		
👁		不透明度:	初期設定	

(オマケ)

手順5の効果＞ワープ＞下弦を「でこぼこ」に差し替えると、ロゴの上下が
凹んだ形にアレンジできます。いろいろなスタイルを試してみましょう。

ワープオプション

スタイル :	⊖ でこぼこ	˅	
	● 水平方向 ○ 垂直方向		
カーブ :	─────○─┼─────		-20%
変形			
水平方向 :	───────○───────		0%
垂直方向 :	───────○───────		10%

RECIPE

60

インパクトのある3D文字

「効果」の3Dは設定を変更することで、文字を正面に向けたまま
立体的な側面を描画できます。インパクトがあるので、
メインビジュアルにもピッタリです。

文字数が多いと
重くなるので注意

白い塗りのテキストを用意。作例
は、OctinCollegeHv-Regular。

テキストを選択し、効果>3D>押
し出し・ベベルを適用する。

XとY軸を1、Z軸を0に変更。「押し出
しの奥行き」を大きくする。 ヒント

この白い丸を
中心にドラッグ

詳細オプション を開き、ライトの
位置を球の中心に移動。 ヒント

3Dを閉じずに次のページへ

(オマケ)

手順 4 の白い丸は
光源の位置です。
正面から光を当てることで
文字が白くなります

ヒント **3D>押し出し・ベベルの設定①**

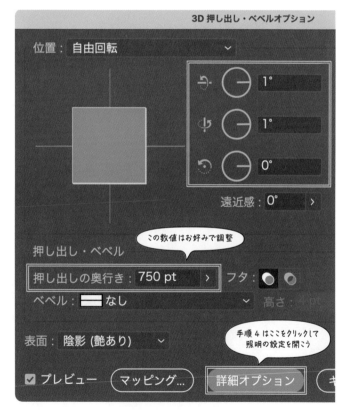

この数値はお好みで調整

手順 4 はここをクリックして
照明の設定を開こう

5

環境光とブレンドの階調を0％に
変更する。 ヒント

6

> 3Dの設定は
> これでおしまい

陰影のカラーを「カスタム」に。右
側にある四角から色を変更。 ヒント

7

> ドラッグ後もオブジェクトの
> 見た目は変化しません

アピアランス▲

	テキスト
👁	3D 押し出し・ベベル
	文字
👁	不透明度： 初期設定

アピアランスパネルで「3D」を「文
字」の上に移動する。

ヒント **3D>押し出し・ベベルの設定②**

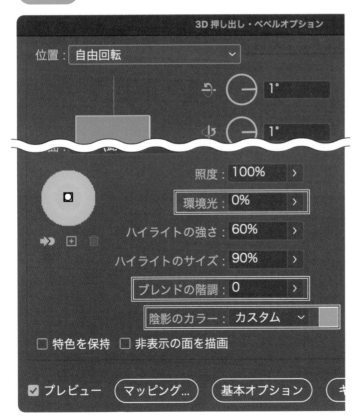

3D 押し出し・ベベルオプション

位置： 自由回転 ∨

↺ 1°

↻ 1°

照度： 100% ＞
環境光： 0% ＞
ハイライトの強さ： 60% ＞
ハイライトのサイズ： 90% ＞
ブレンドの階調： 0 ＞
陰影のカラー： カスタム ∨

☐ 特色を保持 ☐ 非表示の面を描画

☑ プレビュー （マッピング...） （基本オプション） キ

（オマケ）

ブレンドの階調：25　　ブレンドの階調：10

ブレンドの階調：5　　ブレンドの階調：1

> 3Dの色の変化はブレンド
> （段階的に色が変化）で
> 階調を下げると色数が
> 減っていきます

Option(Alt)　⌘(Ctrl)　/

アピアランスパネルで、新規線を
追加。線幅と色を整える。

線パネルから角の形状を「ラウン
ド結合」に変更する。

効果>パスファインダー>刈り込
みを線に適用して完成。

HAPPY

↓

HAPPY

RECIPE

61

抜け感のある手書き風文字

文字の隙間を埋めるには、効果>パスファインダー>分割の設定を
活用するのが有効です。「効果」のラフなども組み合わせれば、
既存のフォントとは思えないほど味のあるデザインに加工できます。

文字を用意する。作例は、DIN Condensed Light。

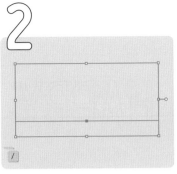

塗りと線の色をなしに。

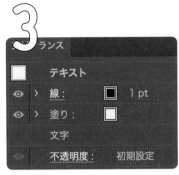

アピアランスパネルから、新規塗りと新規線を追加する。

線パネルから線幅を太くし、角の形状を「ラウンド結合」に。 ヒント

効果 > パスの変形 > ランダム・ひねりを適用する。

効果 > パスファインダー > 分割を適用。(見た目は変化なし)。

次のページへ

 角の形状

パスの形状がとがったときに、線を処理する設定です。デフォルトの「マイター結合」の場合、最終的に一部が不必要にとがった線になることがあります。

今回の作例に限らず、文字に線を適用したときに不自然な出っ張りが出てしまう場合は、この設定を変更してください。

アピアランスパネルから「分割」
をクリック。

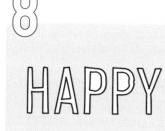

詳細オプションの「分割および～ア
ートワークを削除」を外す。 ヒント

警告文が出ますが
「新規効果を適用」
で OK

効果＞パスファインダー＞追加を
適用する。

 ヒント　**パスファインダーオプション**

「分割およびアウトライン適用時に塗りのないアートワークを削除」のチェックを外すこと
で、文字の穴のパスが分割後に削除されず残り、穴が埋まったように加工できます。

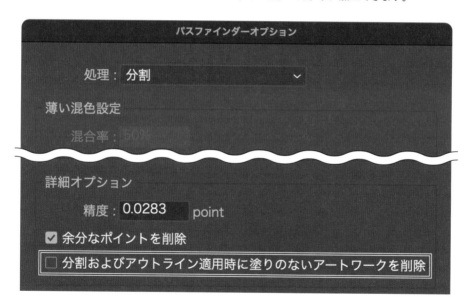

効果>パスの変形>ラフを数値小さめで適用する。

効果>パス>パスのアウトラインを適用。（見た目に変化なし）。

ラフをOption（Alt）ドラッグで手順11の下に移動コピーする。

複製したラフをクリックし、サイズを小さく、詳細を大きく。

RECIPE

62

元気なラクガキ文字

「効果」の落書きを使うと、塗りの部分をペンでさっと塗った
ように表現できます。さらにPhotoshop効果と組み合わせて、
よりリアルな質感に仕上げましょう。

文字を用意。Adobe Fonts の平成角ゴシック Std W9 200 pt。

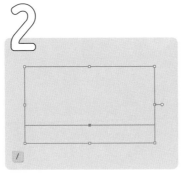

塗りと線の色をなしにする。

アピアランスで、新規塗りと新規線を追加。両方同じ色に設定。

線パネルから線幅を8pt、角の形状を「ラウンド結合」にする。

効果>パスの変形>ランダム・ひねりを入力値で2pxずつに。

手順 4 の線幅の半分のマイナス

線を選択し、効果>パス>パスのオフセットを下図のように設定。 ヒント

次のページへ

ヒント　効果>パスのオフセット

テキストに線幅を設定すると、文字が潰れて読みにくくなる場合があります。しかしテキストは線の位置を内側に設定できないため、その代わりに、効果>パス>パスのオフセットで内側に縮小しています。

オフセットなし

オフセットあり

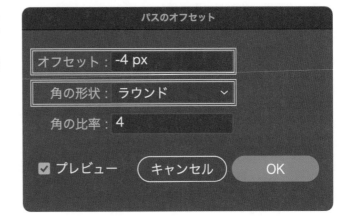

パスのオフセット

オフセット：-4 px

角の形状：ラウンド

角の比率：4

☑ プレビュー　　キャンセル　　OK

RGB(72 ppi) での
設定なので注意

塗りを選択し、効果>スタイライズ
>落書きを適用する。 ヒント

効果>ブラシストローク>ストロ
ーク (スプレー)。(次へ続く)。

ストロークの長さを10、スプレー半
径を2で適用する。

ヒント　**効果の落書き**

完成

透明パネルから、描画モードを
「比較（暗）」にして完成。 ヒント

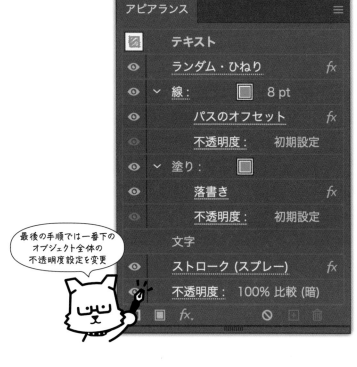

最後の手順では一番下の
オブジェクト全体の
不透明度設定を変更

ヒント 透明>描画モード

ストローク（スプレー）では、右下図のように白
い部分ができてしまうため、透明パネルの描画
モードで背景になじませます。

比較（暗）は、オブジェクトの色と背景の色を比
較して、暗い方を表示する描画モードです。

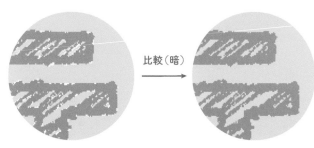

比較（暗）

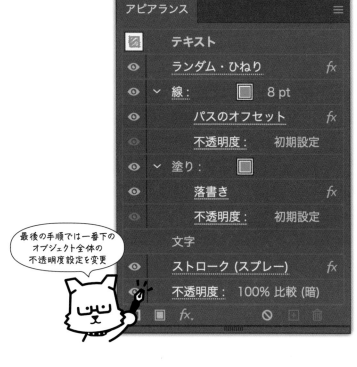

Neon

63

発光するネオンサイン

「破線」と「効果」の光彩（外側）を使って、手軽にネオンサイン風の
文字を作れます。ネオン管から直接光る濃い光彩と、
周囲に反射する薄い光彩を組み合わせるのがポイントです。

文字を用意する。作例はFairwater Script Bold 200pt。

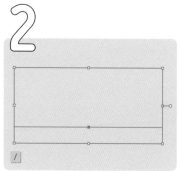

一度塗りと線の色をなしにする。

アピアランスで新規線を追加。色を白、線幅を3ptに変更。

効果＞パスファインダー＞追加 を適用する。

線端を「丸型線端」に、角の形状を「ラウンド結合」に変更。 ヒント

線パネルから、破線にチェックを入れ、下図のように設定。 ヒント

次のページへ

 破線でネオン管風に

最初の線分と間隔は自由な数値を入力し、それ以降は固定にします。ちなみに線分が1000なのは、それが線分の最大値だからです。

「線分と間隔の正確な長さを保持」を選択してください

アピアランスで線を選択し、選択した項目を複製する。

下の線の色をネオンの色に変更し、線幅を6ptにする。

下の線を選択し効果＞スタイライズ＞光彩（外側）を適用。（次へ続く）。

描画モードや色などを、下図のように設定。

光彩（外側）を、Option（Alt）ドラッグで下へ移動コピーする。

下の光彩（外側）をクリックし、不透明度30％、ぼかし70pxに設定。

次のページへ

ヒント　効果 光彩（外側）

描画モードは透明パネルにあるものと同じ機能です。「乗算」では、明るい色が見えにくくなるので通常に設定。その隣の四角をクリックして、適用している線と同じ色に設定してください。

上の線を一番下に複製し、色を黒に、線幅を6ptに変更。

複製した線を選択し、効果＞パスの変形＞変形を適用。（次へ続く）。

移動の水平方向を4px、垂直方向を7px程度に変更。

完成

黒い線の不透明度を20％、描画モードを「乗算」にして完成。 ヒント

参考動画

ヒント　塗り線の中の不透明度

オブジェクト全体の不透明度とは別に、塗りと線を個別に不透明度を設定できます。

線の中の不透明度を編集

SUMMER SALE

64

プールに浮かぶ文字バルーン

「効果」のラフと「効果」のランダム・ひねりを
組み合わせることで、水面で揺れる影を簡単に表現できます。

文字を用意。作例はAdobe Fontsの Omnes Bold 150 pt。

一度塗りと線の色をなしにする。

新規塗りを3つ追加し、上から黄色、濃い黄色、黒に設定する。

濃い黄色を選択し、効果＞パス＞パスのオフセットを3pxに。

濃い黄色に、効果＞パスの変形＞変形を適用。（次へ続く）。ヒント

移動の水平方向と垂直方向を、3pxに変更する。ヒント

次のページへ

 効果＞変形

手順4〜6の変形は、あくまで一例です。文字の大きさやフォントによって、適切な設定が異なります。

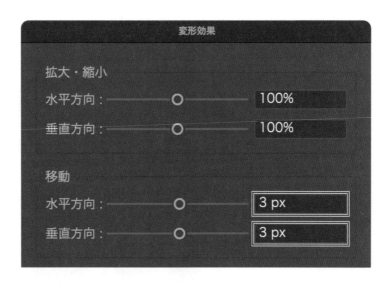

手順6の変形を、Option（Alt）ドラッグで黒い塗りに複製する。

複製した変形をクリックし、移動の数値を9、17pxに変更。

黒い塗りを選択し、効果>パスの変形>ラフを適用。（次へ続く）。

サイズを0、詳細を15、ポイントを「丸く」にする。

黒い塗りに 効果>パスの変形>ランダム・ひねり。（次へ続く）。

入力値で水平を5、垂直を0、「アンカーポイント」を外す。 ヒント

次のページへ

 効果の「ランダム・ひねり」

垂直方向を0にすることで、水平方向のみパスを変化させられます。さらに、アンカーポイントのチェックを外すことで、元々のパスのアンカーポイントの位置はそのまま、ハンドルのみをランダムで変形させることができます。

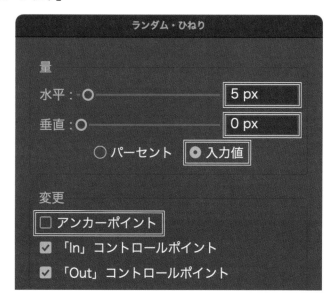

完成

黒い塗りの不透明度を15％に、描
画モードを「乗算」にして完成。

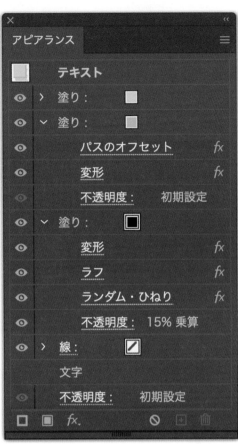

黒い塗りの中の
不透明度を
編集してください

65

目をひくアメコミ文字

ここまで学んできたことを活用して、文字の打ち替えが
できるアメコミ風のアピアランスを作ってみましょう。

文字を用意。作例はAdobe Fonts
のMarvin 150pt。

文字ツールで文字ごとに選択して
色わけする。ヒント

文字の水平比率を80％程度、トラ
ッキングを-170程度に変更。

効果＞ワープ＞円弧をカーブ20
％、変形を15、-5で適用。

新規線を追加し、線幅を太く、角の
形状を「ラウンド結合」に変更。

線を選択し、効果＞パスファイン
ダー＞刈り込みを適用する。

次のページへ

 文字の色をなしにしない場合

これまでのレシピでは、文字の塗り線を1度なしにしていま
したが、このレシピでは文字ごとに色を塗りわける必要があ
るため、その手順は行いません。

「文字」の中に元々の
塗り線があるので
新規線は「文字」の
上になるように

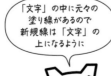

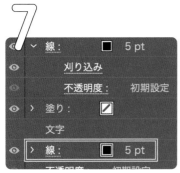

新規線を追加し、「文字」の下へ移動する。

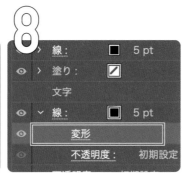

追加した線を選択し、効果>パスの変形>変形を適用。（次へ続く）。

移動を水平方面、垂直方面ともに1px、コピーを7程度に変更。

スウォッチライブラリ>パターン>ベーシック>点 を開く。

スウォッチから「大きさが変化する点（小）」を塗りに適用。

回転ツールで、パターンのみ90度回転する。 ヒント

 ヒント　パターンのみ変形

オブジェクトはそのままにして、パターンのみを回転させるには、選択した状態で回転ツールに切り替えてReturn（Enter）キーでダイアログを表示。続けて「オブジェクトの変形」のチェックを外せば、パターンだけを回転できます。

手順13と完成図の拡大・縮小ツール、選択ツールでも同様です。

13

拡大・縮小ツールでパターンのみ
拡大する。

完成

選択ツールで移動を開き、パター
ンのみ位置調整して完成。

(オマケ)

手順11のパターンスウォッチの色は、
RGB 0,0,0でもCMYK 0,0,0,100でも
ないので、線の黒と微妙に異なるかも
しれません。

必要であればP071を参考に、パター
ンの色を編集しましょう。

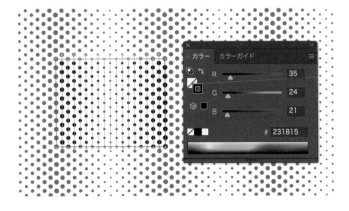

COLUMN

アピアランスをコピーしたい

一度作成したアピアランスを、他のオブジェクトにコピーする方法がいくつかあります。一番簡単な方法は、アピアランスを適用したオブジェクトを選択し、アピアランスパネルの左上の四角いアイコンを他のオブジェクトの上にドラッグ＆ドロップする方法です。

複数のオブジェクトにコピーしたい場合は、スポイトツールを選択し、Return（Enter）キーでオプションを開き、「スポイトの抽出」の「アピアランス」にチェックを入れましょう。オブジェクトを複数選択し、元のアピアランスを適用したオブジェクトをスポイトでクリックすると一括で適用できます。

グラフィックスタイルパネルも便利です
興味があれば調べてみましょう

CHAPTER

5

インフォグラフィック

複雑な情報やデータなどを
視覚的に表現したインフォグラフィック。
内容に合わせたデザインを用いることで、
印象的で説得力のある資料が作れます。
この章ではグラフツールの基本解説に加え、
数値変更でも修正が容易な
データの作り方を紹介します。

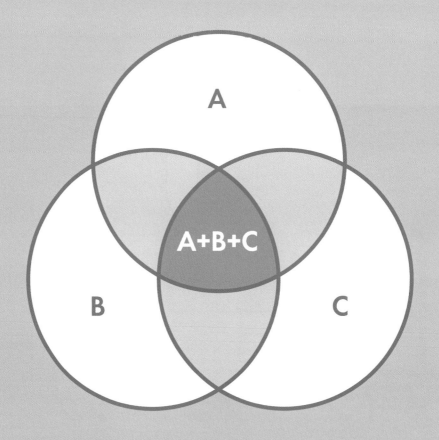

66

プレゼン資料で活躍！ベン図

ベン図は「リピート」を使うと誰でも簡単に描けます。
作例では3つの円ですが、リピートの数を増やせば4つ、
5つの図も描けます。

楕円形ツールで正円を描き、線のみの状態にする。

円を選択し、**オブジェクト＞リピート＞ラジアル**を適用。

プロパティパネルで、インスタンス数を3に、半径を小さく。

分割・拡張の設定はそのままでOK

オブジェクト＞分割・拡張でパス化する。

パスファインダー＞分割で、パスを分割する。

完成

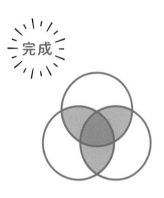

180度回転させ、それぞれ塗りの色を設定して完成。

(オマケ)

このベン図を活用して、「光の三原色」の図も簡単に作れます。まずは、手順4の分割・拡張を適用したオブジェクトを用意します。次に、グループを解除し、赤色、緑色、青色に塗りわけ、透明パネルから描画モードを「比較（明）」にすればできあがりです。CMYの図の場合は描画モードは「比較（暗）」を使用してください。

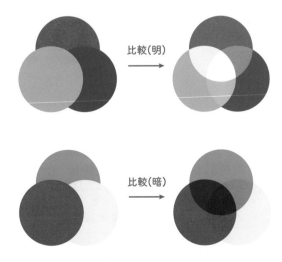

比較（明）

比較（暗）

67

シンプルなサイクル図

「楕円形ツール」で描いた円は、じつは簡単に扇形に変形できます。
扇形の角度を指定することで、円を均等に分割した
線を描くことができます。

楕円形ツールで、線のみの正円を
描く。

正円を選択し、変形パネルから扇
形の終了角度を110度に。 ヒント

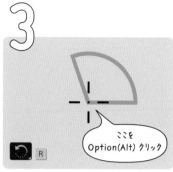

ここを
Option(Alt) クリック

選択し、回転ツールで扇の角を
Option（Alt）＋クリックする。

角度： 120°

オプション：

手順2と数値が
異なるので注意！

プレビュー

コピー　　　　　キャンセル

角度を120度にして、コピーをク
リックする。

これを選択した
状態で適用

⌘(Ctrl) D

コピーしたパスに、**オブジェクト
＞変形＞変形の繰り返し**。

次のページへ

ヒント　**扇形をつくろう**

楕円形ツールで作成した楕円を
選択した場合、変形パネルに
「楕円形のプロパティ」が表示
されます。その中の扇形の終了
角度（右下の枠）に数値を入力
すると、その角度の扇形を作成
できます。

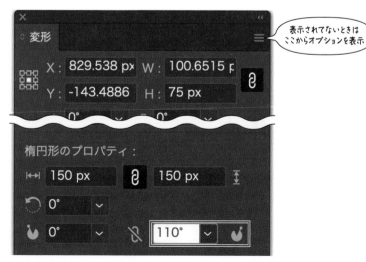

表示されてないときは
ここからオプションを表示

ダイレクト選択ツールで、扇の中心にあるアンカーポイントを選択。

選択したアンカーポイントを削除する。

矢印は
P019参照

線パネルから始点の矢印を「矢印7」に変更。 ヒント

完成

線幅や矢印の倍率を調整して完成。
ヒント

ヒント　矢印の設定

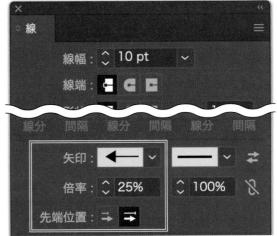

参考動画

(オマケ)

扇形や回転の角度を変更すれば、別の数のサイクル図を作れます。

矢印2本の図は、扇形の角度が170度、回転コピーは180度に設定。

矢印4本の図は、扇形の角度が80度、回転コピーは90度に設定。

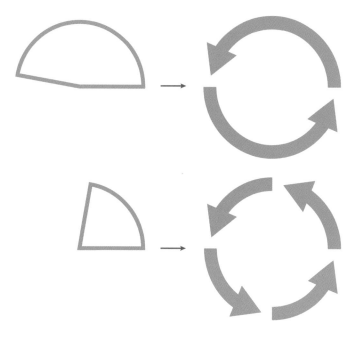

扇形の角度を小さくして、間に別の図形を挟むこともできます。応用してさまざまなサイクル図を作ってみましょう。

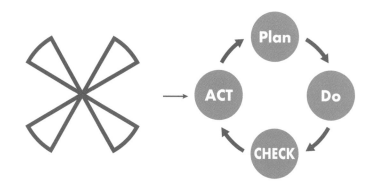

20%

30%

50%

100%

68

かんたん棒グラフ

グラフを描くためのツールはありますが、設定などの
扱いがかなり面倒です。もっとお手軽に正確な数値で棒グラフを作るには、
「効果」の変形機能を活用しましょう。

直線ツールで水平線を描く（これが100％の長さになる）。

効果＞パスの変形＞変形で水平に縮小し、基準点を左に変更。 ヒント

オブジェクトを垂直方向に複数コピーする。

完成

手順2の縮小の数値を個別に修正し、色などを整えて完成。

ヒント **線幅と効果を拡大・縮小**

手順1の長方形を100％の状態とみなし、拡大・縮小の水平方向の数値を0～100％の間で動かすことでグラフを再現します。基準点を左側にすることで、数値を変更しても左揃えになります。

変形効果

拡大・縮小

水平方向： 70%

垂直方向： 100%

移動

水平方向： 0 px

垂直方向： 0 px

回転

角度： 0°

オプション

☑ オブジェクトの変形 ☐ 水平方向に反転

☑ パターンの変形 ☐ 垂直方向に反転

☐ 線幅と効果を拡大・縮小 ☐ ランダム

コピー 0

線幅と効果を拡大・縮小は
チェックを外してください

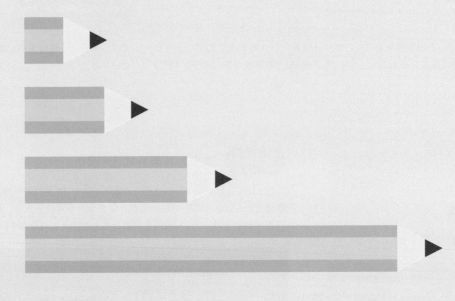

69

伸びるイラスト棒グラフ

「かんたん棒グラフ」と自作したブラシを活用して、
イラストが伸びていくユニークな棒グラフを作りましょう。

230

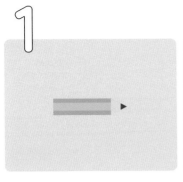

棒グラフで伸ばしたいイラストを
作成する。

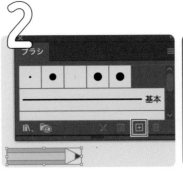

全選択し、ブラシパネルから新規
ブラシ>アートブラシ。

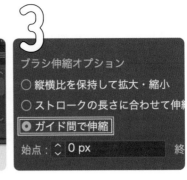

ブラシ伸縮オプションを「ガイド
間で伸縮」に変更。

右のガイド線を伸縮させたい範囲
の右端まで移動する。 ヒント

次のページへ

 アートブラシオプション

「ガイド間で伸縮」を選択すると、下図のプレビュー画面に表示さ
れている縦のガイド線で囲まれた範囲が、ブラシにした際に伸縮
します。伸縮させたくない部分をガイド線の外になるようにしま
しょう。

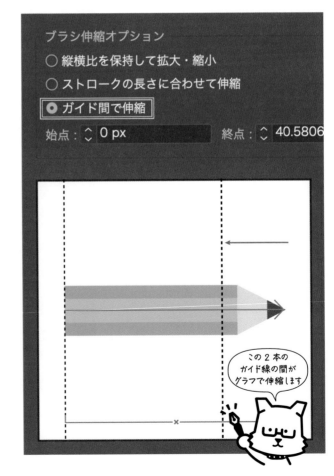

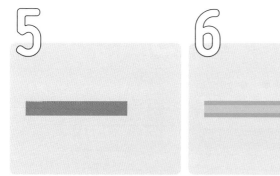

5 P228で作成した、かんたん棒グラフの完成品を1つ用意。

6 手順2〜4で作成した、ブラシを棒グラフに適用する。

7 先端がつぶれなくなる

アピアランスパネルの「変形」を、塗り線の上に移動。 ヒント

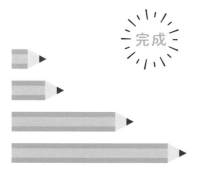

完成

垂直方向に移動コピーし、変形の数値を変更して完成。

 変形の位置を移動

アピアランスパネル上で、「効果」はドラッグで位置を移動させることができます。

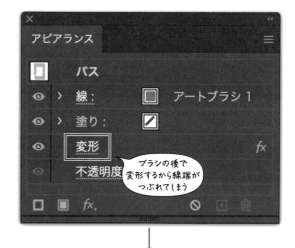

ブラシの後で変形するから線端がつぶれてしまう

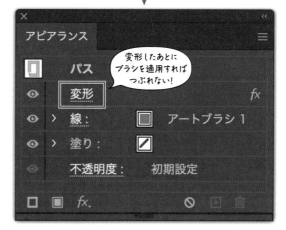

変形したあとにブラシを適用すればつぶれない！

(オマケ)

イラストの中間を伸縮させた
い場合は、ガイド線の左右両
方を移動させましょう。また、
「着色」という項目を変更す
ると、線の色に合わせてイラ
ストの色を変更することもで
きます。

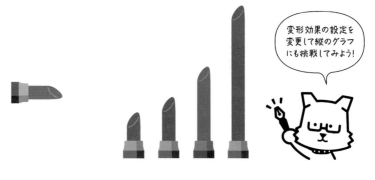

変形効果の設定を
変更して縦のグラフ
にも挑戦してみよう！

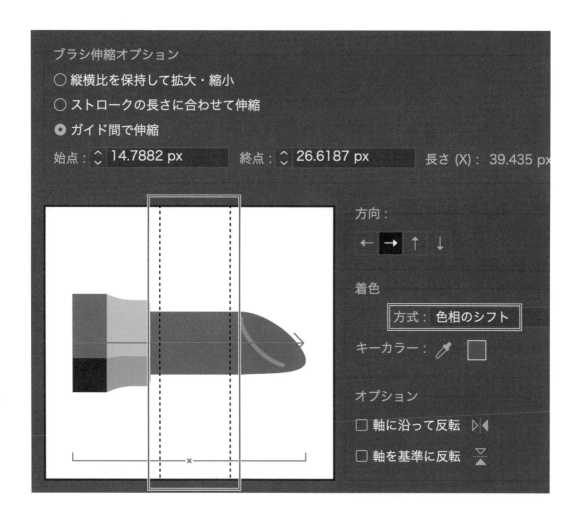

ブラシ伸縮オプション

○ 縦横比を保持して拡大・縮小

○ ストロークの長さに合わせて伸縮

◉ ガイド間で伸縮

始点： 14.7882 px　　　終点： 26.6187 px　　　長さ (X)： 39.435 px

方向：
← → ↑ ↓

着色
方式：色相のシフト

キーカラー： 🖋　□

オプション
□ 軸に沿って反転 ▷◁
□ 軸を基準に反転 ▽

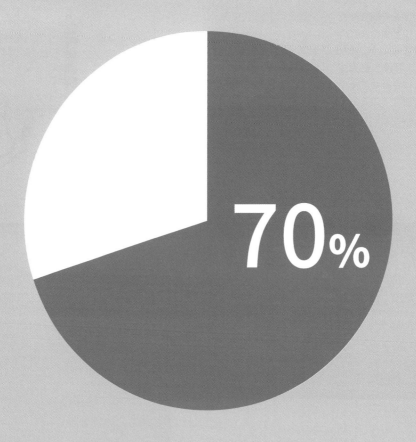

70%

RECIPE

70

かんたん円グラフ

棒グラフと同様に円グラフも専用のツールがありますが、
ごく簡単なものであれば「楕円形ツール」で手軽に作れます。
楕円形のプロパティをマスターしましょう。

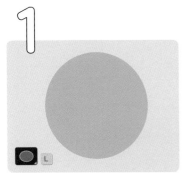

楕円形ツールで、Shiftを押しながらドラッグして正円を描く。

正円をコピーし編集＞前面にペーストして色を変更。

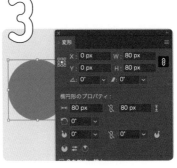

変形パネルを開き、前面の正円を選択状態にする。

完成

楕円形のプロパティから90度回転させる。

扇形の開始角度に -360*0.7 と入力して完成。 ヒント

「*」は半角のアスタリスクです。

ヒント **-360*0.7の意味**

扇形の開始角度と終了角度の数値で、扇形の形状が設定できますが、360度表記のため70％などの割合で指定することができません。そのため、360度に割合（70％＝0.7）を掛け算することで角度を計算します（枠内の四則演算はP097参照）。

また、360で計算するとグラフの向きが左右反対になってしまうので、逆向きにするためにマイナスの数値で計算しています。

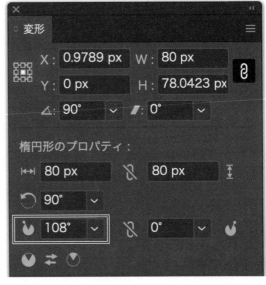

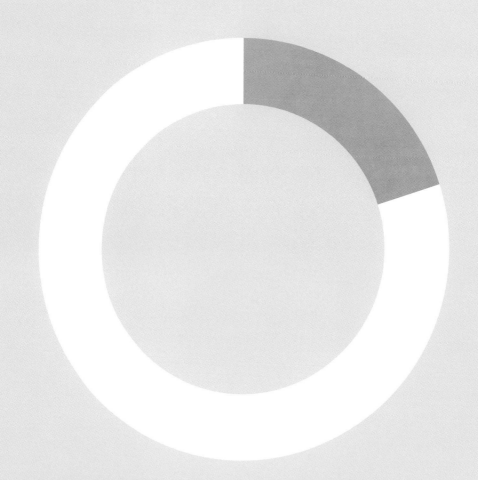

71

修正が楽なドーナツグラフ

「かんたん円グラフ」とアピアランスを活用して、
後から簡単に修正できるドーナツグラフを作れます。

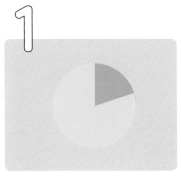

わかりやすくするため
色を変更してます

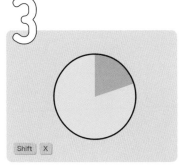

P234のかんたん円グラフを用意
し、背面の正円をコピー。

オブジェクトの選択を解除し、編
集>前面にペースト。

`⌘(Ctrl)` `F`

ペーストした正円の塗りと線を入
れ替える。

`Shift` `X`

完成

線パネルの「線の位置」を内側に
揃え、線幅を太くする。 ヒント

全選択しオブジェクト>グループ。

効果>パスファインダー>切り抜
きを適用して完成。

ヒント　線の位置

パスに対して線幅をどの位置に伸ばすのかを設定でき
ます。内側や外側にすると、なぜかアピアランスの上
ではパスのアウトラインが適用された扱いになるため、
効果>パス>パスのアウトラインを使わなくても、手
順6のパスファインダーが反映されます。

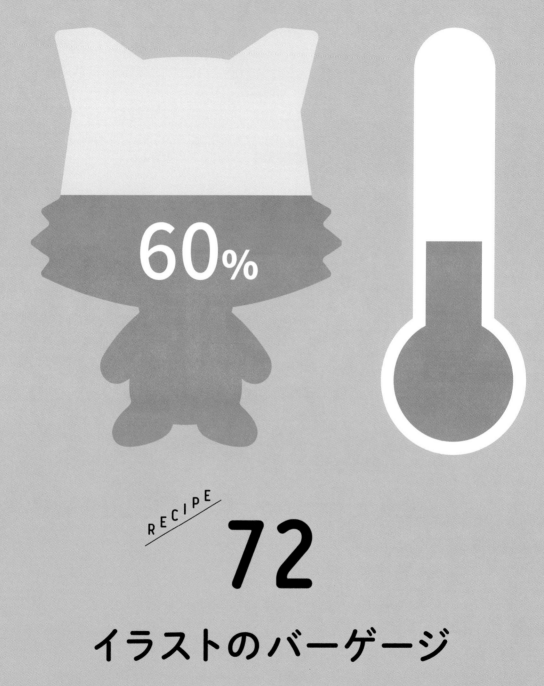

60%

72

イラストのバーゲージ

インフォグラフィックでよく目にする、イラストシルエットの
棒グラフを簡単に作れます。効果の変形機能を活用することで、
正確な割合かつ修正しやすいデータになります。

ゲージにするシルエットのパスを
用意する。

シルエットと全く同じ大きさの長
方形を描く。

長方形を背面に移動する。

長方形を選択し、新規塗りを追加
して上の色を変更。

上の塗りを選択し 効果>パスの
変形>変形。（次へ続く）。

垂直方向の数値を下げ、基準点を
下に変更。 ヒント

完成

全選択し、オブジェクト>クリッ
ピングマスク>作成で完成。

ヒント 変形効果

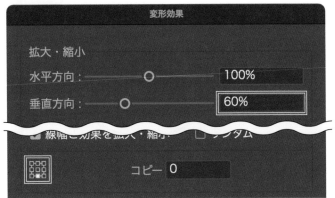

グラフツールのきほん

簡単なグラフなどを作る方法を紹介してきましたが、
より項目の多い、もしくはさまざまな種類のグラフを作るには、
グラフツールを活用する方が良いでしょう。他のツールとはかなり
使い勝手が異なるので、基本的な使い方と注意点を解説していきます。

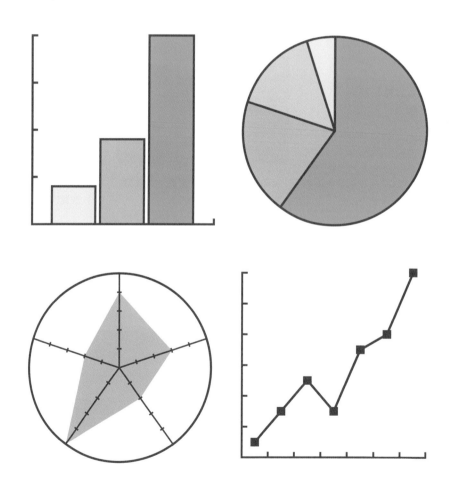

グラフのつくりかた

1 棒グラフツールを選択

ツールバーから棒グラフツール（もしくは長押ししてそれ以外のグラフツール）を選択。

2 ドラッグorクリックでグラフ作成

ドラッグして範囲指定か、クリックしてダイアログから数値指定で大きさを指定してグラフを作成。

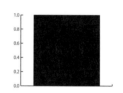

3 表に数値を入力

同時に表示される表に数値を入力し、右上のチェックマークを押して確定するとグラフが変更されます。

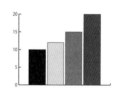

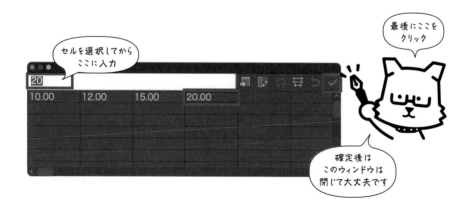

セルを選択してからここに入力

最後にここをクリック

確定後はこのウィンドウは閉じて大丈夫です

グラフの設定・編集方法

1 グラフの数値は後から編集可能

グラフオブジェクトを選択した状態で、オブジェクト＞グラフ＞データから数値入力の表を表示し、グラフの中身を再編集することができます。

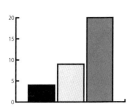

2 変形は拡大・縮小ツールを使う

グラフオブジェクトには、バウンディングボックスが表示されません。後から大きさを変更したいときは、拡大・縮小ツールを使いましょう。

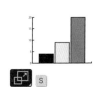

3 グループ解除で分解できる

グループを解除すると普通のパスに変換され、通常通りに編集できるようになります。ただしグラフの数値などは編集できなくなります。

4 塗り線はダイレクト選択ツールで編集

デフォルトでは塗り線は、すべてモノクロです。塗り線の色や線幅を変更したい場合は、ダイレクト選択ツールで個別に選択して編集してください。

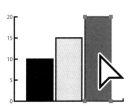

5 塗り線以外の見た目は「設定」から編集

グラフオブジェクトを選択した状態で、オブジェクト＞グラフ＞設定を開くと、グラフ同士の間隔やメモリなどの設定を変更することができます。

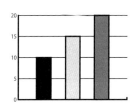

その他のグラフ・設定

棒グラフツール以外にも、「円グラフツール」「折れ線グラフツール」「レーダーチャートツール」など、さまざまなグラフが作成できます。棒グラフや円グラフでは、データを横に並べていきましたが、グラフの種類によっては縦に並べるものもあるので、上手くできなかったときは試してみてください。

また、P230で紹介したようなイラストが伸びるタイプの棒グラフを、棒グラフツールでも作ることができます。興味があれば挑戦してみてください。

参考動画

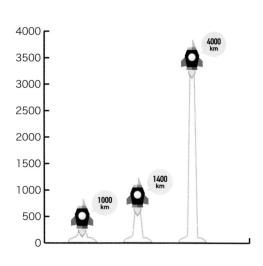

COLUMN

イラレの勉強ってどうやるの？

僕はIllustratorの基礎的な部分は学校や書籍で学びましたが、詳しいツールの使い方など応用的な知識の大半は、働きながらインターネットで検索して学びました。イラレのように有名なソフトであれば、あなたが疑問に思ったことの大半は、誰かが解決策を記事にしています。

イラレが上達するコツは、日々の作業の中で「この作業はもっと効率的にできないかな」と常に疑問を持つことです。「仕事を楽したい」と考える怠け者ほど、イラレが上手くなると言っても過言ではありません。隙間時間に検索サイトで『Illustrator　色　一括変換』『Illustrator　ランダム　配置』などと検索すれば、大抵は答えが出てきます。最初は調べるのに時間がかかったり、思うような記事が見つからなかったりするかもしれませんが、これは慣れの問題です。継続すれば、数分で疑問を解消できるようになるでしょう。

漠然と何時間も大量の情報をインプットし続けるよりも、自分にとって必要な場面がハッキリしている方が、知識は定着しやすいです。「イラレ難しい！」「覚えること多すぎ！」と苦行のように机に向かうより、「こういうものをつくりたい！」「そのためにどんな機能が役立つかな？」とワクワクしながらものづくりを楽しみましょう。

それでは
良いイラレライフを！

Illustrator
お役立ちガイド

Illustratorを操作する上で必要な情報をまとめました。
基本的なツールの紹介をはじめ、
制作時に遭遇する代表的なトラブルと
その解決法について解説しています。
巻末には本書で登場している
ツールや効果などの索引も収録。
ガイドを活用して効率的に作りましょう。

ツールガイド

本書で使用しているツールの場所をまとめています。

隠れツール

関連するツールを開く場合は、小さな▲マークのある
アイコンを長押しするとツールが表示されます。

ツールバー

初期設定ではツールバーは簡易版になっ
ています。ツールの数が少ない場合は、
ウィンドウ＞ツールバー＞詳細をチェッ
クしてください。

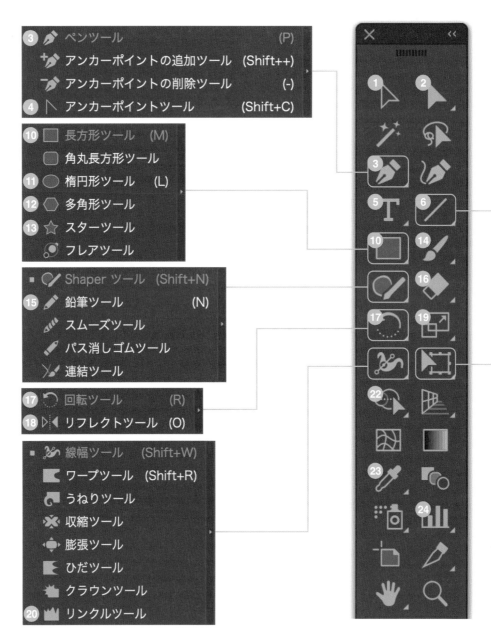

3 ペンツール (P)
アンカーポイントの追加ツール (Shift++)
アンカーポイントの削除ツール (-)
4 アンカーポイントツール (Shift+C)

10 長方形ツール (M)
角丸長方形ツール
11 楕円形ツール (L)
12 多角形ツール
13 スターツール
フレアツール

Shaper ツール (Shift+N)
15 鉛筆ツール (N)
スムーズツール
パス消しゴムツール
連結ツール

17 回転ツール (R)
18 リフレクトツール (O)

線幅ツール (Shift+W)
ワープツール (Shift+R)
うねりツール
収縮ツール
膨張ツール
ひだツール
クラウンツール
20 リンクルツール

ツールの名前

ツールの名前とショートカットキーです。
デフォルトでキーボードに割り当てられています。

6 ╱ 直線ツール (¥)
7 ⌒ 円弧ツール
8 ◎ スパイラルツール ▶
　 ⊞ 長方形グリッドツール
9 ⊛ 同心円グリッドツール

■ ▷⊡ 自由変形ツール (E)
21 ✦ パペットワープツール ▶

① 選択ツール _____ V
② ダイレクト選択ツール _____ A
③ ペンツール _____ P
④ アンカーポイントツール _ Shift + C
⑤ 文字ツール _____ T
⑥ 直線ツール _____ ¥
⑦ 円弧ツール
⑧ スパイラルツール
⑨ 同心円グリッドツール
⑩ 長方形ツール _____ M
⑪ 楕円形ツール _____ L
⑫ 多角形ツール
⑬ スターツール
⑭ ブラシツール _____ B
⑮ 鉛筆ツール _____ N
⑯ 消しゴムツール _____ Shift + E
⑰ 回転ツール _____ R
⑱ リフレクトツール _____ O
⑲ 拡大・縮小ツール _____ S
⑳ リンクルツール
㉑ パペットワープツール
㉒ シェイプ形成ツール ___ Shift + M
㉓ スポイトツール _____ i
㉔ 棒グラフツール _____ J

よくあるトラブルについて

Illustrator初心者が陥りがちなトラブルとその解決法をまとめました。

画面表示に関するトラブル

謎の立体が出てきて消せない

これは遠近グリッドツールといいます。画面左上にあるボタンの左上角に表示された「×」ボタンを押すか、表示＞遠近グリッド＞グリッドを隠すで非表示にできます。

選択してもバウンディングボックスが表示されない

バウンディングボックスが非表示になっています。表示＞バウンディングボックスを表示で表示できます。

選択してもパスの形が表示されない

境界線が非表示になっています。表示＞境界線を表示で表示できます。

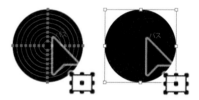

すべてのオブジェクトが黒い線だけになった

アウトライン表示（パスの形だけ表示する状態）になっています。表示＞プレビューで元の画面に戻せます。

アートボードの外が白くなった

オーバープリントプレビューになっています。表示＞オーバープリントプレビューのチェックを外してください。

効果の見た目が妙にガビガビしている

効果にも解像度があり、RGBでデータを新規作成した場合は、「スクリーン（72ppi）」と「高解像度（300ppi）」に設定されています。変更したい場合は、効果＞ドキュメントのラスタライズ効果設定から変更できます。

テキストに謎の青い記号が表示される

制御文字が表示されています。書式＞制御文字を表示のチェックを外してください。

突然ツールバーやパネルが消えた

tabキーを押すとツールバーなどが非表示になります。もう一度tabキーを押してみてください。

操作結果に関するトラブル

拡大縮小すると線の太さがおかしくなる

「線幅と効果を拡大・縮小」という設定がオフになっているため、線幅が拡大・縮小できていない状態です。Illustrator >環境設定>一般 、もしくは ウィンドウ>プロパティの選択ツールで何も選択していない状態にして、「線幅と効果を拡大・縮小」をチェックしてから変形させてください。

ライブコーナーの角が拡大縮小できない

ライブコーナーで丸めたオブジェクトを拡大・縮小すると、角の大きさが維持されてしまう場合があります。環境設定やプロパティパネル（場所は前項と同様）から、「角を拡大・縮小」にチェックを入れてから変形させてください。

テキストのフォントが勝手に小塚ゴシックになる

何かしらの記号（♡など）を入力した際、その記号が使用中のフォントに存在しないと、自動的にデフォルトのフォントに変更される設定になっています。Illustrator >環境設定>テキストから「見つからない字形の保護を有効にする」のチェックを外してください。小塚ゴシックは悪くありません。

配置した画像が勝手に埋め込みになる

配置画像をリンクファイルにする設定が外れています。ファイル>配置から適当な画像を選択状態にし、「リンク」のチェックを付けてください。

文字でクリッピングマスクがうまくいかない

アウトライン化した文字だと失敗します。アウトライン化する前のテキストでマスクし、マスク後にアウトライン化してください。もしくは文字を選択し、パスファインダーパネルの右上のメニューから「複合シェイプを作成」してからマスクしてください。

画像に書き出すとパターンに白い線が浮き出る

パターンを適用したオブジェクトに、効果>ラスタライズを適用してから書き出すと線が消えます。

レイヤーの色が黄色で選択が見にくい

レイヤーパネルのレイヤー名の右の余白をダブルクリックしてください。カラーを変更できます。

Illustrator INDEX ｜ 用語索引

	ツール・効果	場所	ページ
あ	アートブラシ	ウィンドウ>ブラシ>新規ブラシ	173, 231
	アウトラインを作成	書式>アウトラインを作成 or [Shift] + [⌘(Ctrl)] + [O]	179
	アピアランス（パネル）	ウィンドウ>アピアランス	123, 125, 128, 137, 139, 147, 148, 153, 154, 181, 183, 185, 187, 191, 193, 198, 199, 201, 209, 210, 220, 232
	アピアランスを分割	オブジェクト>アピアランスを分割	15, 23, 25, 48, 127, 163, 169, 171, 172
	アンカーポイントツール	ツールバー or [Shift] + [C]	45, 171
い	移動	オブジェクト>変形>移動 or [Shift] + [⌘(Ctrl)] + [M] or 選択ツールやダイレクト選択ツールで オブジェクト選択中に Return(Enter)	108, 111
う	うねりツール	ツールバー	67
え	円弧	効果>ワープ>円弧	169, 183, 217
	円弧ツール	ツールバー	31, 43
	鉛筆ツール	ツールバー or [N]	173
お	扇形の開始角度	ウィンドウ>変形>楕円形のプロパティ	235
	扇形の終了角度	ウィンドウ>変形>楕円形のプロパティ	225
	押し出し・ベベル	効果> 3D >押し出し・ベベル	197
	同じ位置にペースト	編集>同じ位置にペースト or [Shift] + [⌘(Ctrl)] + [V]	38
	オブジェクトの分布	ウィンドウ>線>オブジェクトの分布	167
	オブジェクトを再配色	編集>カラーを編集>オブジェクトを再配色	116
か	回転ツール	ツールバー or [R]	70, 79, 99, 103, 125, 167, 218
	拡大・縮小ツール	ツールバー or [S]	107, 143, 219, 242
	下弦	効果>ワープ>下弦	193
	合体	ウィンドウ>パスファインダー>合体	19, 47, 59, 100, 107, 125, 141
	カット	編集>カット or [⌘(Ctrl)] + [X]	37

ツール・効果	場所	ページ
角の形状	ウィンドウ>線>角の形状	199, 201, 205, 209, 217
カラーガイド	ウィンドウ>カラーガイド	109
カラー配列をランダムに変更	編集>カラーを編集>オブジェクトを再配色	116
刈り込み（効果）	効果>パスファインダー>刈り込み	168, 199, 217
切り抜き（効果）	効果>パスファインダー>切り抜き	237
グリッド（パターン）	ウィンドウ>パターンオプション>タイルの種類	74, 105, 120
グリッド（リピート）	オブジェクト>リピート>グリッド	115
グリッドに分割	オブジェクト>パス>グリッドに分割	53
クリッピングマスク	オブジェクト>クリッピングマスク>作成 or ⌘(Ctrl) + 7	67, 239
グループ	オブジェクト>グループ or ⌘(Ctrl) + G	57, 151, 154, 168, 237
消しゴムツール	ツールバー or Shift + E	34, 35
光彩（外側）	効果>スタイライズ>光彩（外側）	210
合流	ウィンドウ>パスファインダー>合流	28, 29
コーナーやパス先端に破線の先端を整列	ウィンドウ>線>破線	79, 81, 83, 133, 135
個別に変形	オブジェクト>変形>個別に変形 or Shift + Option(Alt) + ⌘(Ctrl) + D	111
最前面へ	オブジェクト>重ね順>最前面へ or Shift + ⌘(Ctrl) +]	116
シアー	ウィンドウ>変形	21, 24
シェイプ形成ツール	ツールバー or Shift + M	42, 53, 163
シェイプを拡張	オブジェクト>シェイプ>シェイプを拡張	59
ジグザグ	効果>パスの変形>ジグザグ	127, 163, 183
絞り込み	効果>ワープ>絞り込み	17, 153
乗算	ウィンドウ>透明	188, 211, 215
新規線を追加	ウィンドウ>アピアランス or Option(Alt) + ⌘(Ctrl) + /	57, 123, 125, 128, 154, 181, 183, 199, 205, 209, 217, 218
新規塗りを追加	ウィンドウ>アピアランス or ⌘(Ctrl) + /	181, 183, 185, 187, 191, 193, 201, 205, 213, 239

き
く
け
こ
さ
し

ツール・効果	場所	ページ
シンボル	ウィンドウ>シンボル	113
す スウォッチライブラリ（パネル）	ウィンドウ>スウォッチライブラリ	69, 71, 218
スターツール	ツールバー	51
ストローク（スプレー）	効果>ブラシストローク>ストローク（スプレー）	206
スパイラルツール	ツールバー	37
スポイトツール	ツールバー or [I]	220
スマートガイド	表示>スマートガイド	23, 107
せ 前後にブレンド	編集>カラーを編集>前後にブレンド	116, 117
選択した項目を複製	ウィンドウ>アピアランス	147, 210
選択中のオブジェクトのオプション	ウィンドウ>ブラシ	160, 173
選択ツール	ツールバー or [V]	99
線の位置	ウィンドウ>線>線の位置	237
線幅と効果を拡大・縮小	ウィンドウ>プロパティ>環境設定（選択ツールで選択無しの状態で）	39
線幅プロファイル	ウィンドウ>線>プロファイル	55, 65, 153, 165
線分と間隔の正確な長さを保持	ウィンドウ>線>破線	31, 83
前面オブジェクトで型抜き	ウィンドウ>パスファインダー>前面オブジェクトで型抜き	45, 48, 51, 82, 133
前面オブジェクトで型抜き（効果）	効果>パスファインダー>前面オブジェクトで型抜き	138, 151, 191
前面にペースト	編集>前面にペースト or [⌘(Ctrl)] + [F]	235, 237
た ダイレクト選択ツール	ツールバー or [A]	17, 21, 23, 37, 51, 53, 55, 59, 85, 87, 89, 91, 95, 99, 103, 116, 123, 149, 155, 167, 169, 171, 226, 242
タイル（タイルサイズ）		85, 101, 120
楕円形ツール	ツールバー or [L]	15, 41, 45, 59, 60, 135, 141, 153, 160, 164, 171, 173, 223, 225, 235
楕円形のプロパティ	ウィンドウ>変形>楕円形のプロパティ	225, 235

ツール・効果	場所	ページ
多角形ツール	ツールバー	77, 103, 107, 115, 157
単純化	オブジェクト>パス>単純化	119, 171
長方形ツール	ツールバー or Ⓜ	17, 21, 23, 33, 53, 59, 67, 73, 79, 81, 85, 87, 89, 91, 99, 123, 125, 133, 137, 143, 151, 167, 179, 239
直線ツール	ツールバー or ¥	19, 23, 37, 55, 57, 65, 79, 81, 127, 131, 151, 153, 159, 163, 164, 229
追加（効果）	効果>パスファインダー>追加	57, 154, 194, 202, 209
粒状	効果>テクスチャ>粒状	34
でこぼこ	効果>ワープ>でこぼこ	153, 195
同心円グリッドツール	ツールバー	27, 95
等間隔に分布	ウィンドウ>整列>等間隔に分布	60
透明部分を分割・統合	オブジェクト>透明部分を分割・統合	141
トラッキング	ウィンドウ>書式>文字	143, 145
中マド	ウィンドウ>パスファインダー>中マド	179
入力値	効果>パスの変形>ジグザグ　など	129
塗りと線を入れ替え	ツールバー or Shift + Ⓧ	100, 108, 164, 237
パス上文字ツール	ツールバー	169
パスのアウトライン	オブジェクト>パス>パスのアウトライン	17, 19, 47, 55, 133
パスのアウトライン（効果）	効果>パス>パスのアウトライン	57, 138, 151, 203
パスのオフセット	オブジェクト>パス>パスのオフセット	47, 55
パスのオフセット（効果）	効果>パス>パスのオフセット	123, 125, 128, 137, 147, 168, 193, 205, 213
パスの方向反転	オブジェクト>パス>パスの方向反転	157, 160
パスファインダーオプション	効果>パスファインダー に属する効果を アピアランスパネルでクリック	202
破線	ウィンドウ>線>破線	31, 79, 81, 83, 108, 133, 135, 138, 209
旗	効果>ワープ>旗	23, 168, 171

ち
つ
て
と
な
に
ぬ
は

ツール・効果	場所	ページ
パターンオプション（パネル）	ウィンドウ>パターンオプション	73, 96, 104
パターン 作成	オブジェクト>パターン>作成　or スウォッチパネルにドロップ＆ドロップ	73, 75, 77, 79, 85, 87, 89, 92, 95, 100, 104, 107
パターンブラシ	ウィンドウ>ブラシ>新規ブラシ	157, 159, 164
パターン編集モード		69, 75, 85, 101
パペットワープツール	ツールバー	119
パンク・膨張	効果>パスの変形>パンク・膨張	15, 147
ひ 比較（暗）	ウィンドウ>透明	207, 223
比較（明）	ウィンドウ>透明	223
ふ 複合シェイプを作成	ウィンドウ>パスファインダー	179, 191
複合パス	オブジェクト>複合パス>作成	47
ブラシ（パネル）	ウィンドウ>ブラシ	48, 157, 159, 160, 161, 164, 173, 231
ブラシツール	ツールバー　or　Ⓑ	48
ブラシライブラリ（パネル）	ウィンドウ>ブラシライブラリ	48
ブレンド	オブジェクト>ブレンド>作成	131
ブレンドオプション	オブジェクト>ブレンド>ブレンドオプション	131
プロパティ（パネル）	ウィンドウ>プロパティ	39, 41, 45, 115, 223
プロファイル（線幅プロファイル）	ウィンドウ>線>プロファイル	55, 65, 153, 165
分割	ウィンドウ>パスファインダー>分割	28, 164, 223
分割・拡張	オブジェクト>分割・拡張	41, 47, 65, 116, 223
分割（効果）	効果>パスファインダー>分割	201
へ 変形（効果）	効果>パスの変形>変形	137, 172, 181, 187, 191, 194, 211, 213, 218, 229, 232, 239
変形（パネル）	ウィンドウ>変形	21, 65, 120, 225, 235
変形の繰り返し	オブジェクト>変形>変形の繰り返し　or ⌘(Ctrl) + Ⓓ	33, 103, 112, 144, 225
ペンツール	ツールバー　or　Ⓟ	21, 23, 38, 147, 149, 167

	ツール・効果	場所	ページ
ほ	棒グラフツール	ツールバー or J	241
	ぼかし（ガウス）	効果>ぼかし>ぼかし（ガウス）	185
ま	丸型線端	ウィンドウ>線>線端	17, 24, 55, 57, 131, 133, 135, 137
も	文字タッチツール	ウィンドウ>書式>文字>文字タッチツール or Shift + T	183
	文字（縦）ツール	ツールバー	48, 185
	文字ツール	ツールバー or T	143, 179, 181, 183, 187, 191, 193, 197, 201, 205, 209, 213, 217
や	矢印	ウィンドウ>線>矢印	19, 226
ら	ライブコーナー		51, 53, 55, 59, 91, 99, 123, 125
	ラウンド結合	ウィンドウ>線>角の形状	199, 201, 205, 209, 217
	落書き	効果>スタイライズ>落書き	206
	ラジアル	オブジェクト>リピート>ラジアル	41, 43, 45, 61, 65, 141, 223
	ラスタライズ（効果）	効果>ラスタライズ	93
	ラフ	効果>パスの変形>ラフ	129, 135, 188, 203, 214
	ランダム・ひねり	効果>パスの変形>ランダム・ひねり	129, 187, 188, 201, 205, 214
り	リピートオプション	ウィンドウ>プロパティ>リピートオプション（リピートを適用したオブジェクトを選択時のみ表示）	41, 115
	リフレクトツール	ツールバー or O	91, 104, 107, 127, 163, 173
	リンクルツール	ツールバー	34, 35
れ	レンガ（縦）	ウィンドウ>パターンオプション>タイルの種類	89, 105, 120
	レンガ（横）	ウィンドウ>パターンオプション>タイルの種類	73, 77, 92, 96, 104, 105, 108, 120
	連結	オブジェクト>パス>連結 or ⌘(Ctrl) + J	103, 127
ろ	六角形（縦）	ウィンドウ>パターンオプション>タイルの種類	105, 120
	六角形（横）	ウィンドウ>パターンオプション>タイルの種類	104, 105, 120

［表紙・本文デザイン］　吉田憲司＋矢口莉子（TSUMASAKI）
［編集・DTP］　　　　　加藤万琴

［編集長］　　　　　　　後藤憲司
［副編集長］　　　　　　塩見治雄
［担当編集］　　　　　　金子知里

イラレ職人コロが教える飾りのデザイン
Illustratorのアイデア

2021年11月21日　初版第1刷発行
2024年12月 6日　初版第2刷発行

［著者］　　　イラレ職人コロ
［発行人］　　諸田泰明
［発行］　　　株式会社エムディエヌコーポレーション
　　　　　　　〒101-0051　東京都千代田区神田神保町一丁目105番地
　　　　　　　https://books.MdN.co.jp/
［発売］　　　株式会社インプレス
　　　　　　　〒101-0051　東京都千代田区神田神保町一丁目105番地
［印刷・製本］　株式会社広済堂ネクスト

イラレ職人コロ

Adobe Illustratorのチュートリアル
制作に特化したクリエイター。北海
道札幌市在住。1〜2分の超短チュー
トリアル動画『本日のイラレ』の制作
を中心に、Adobe MAX 2020、2021
への登壇、大学非常勤講師、書籍の
執筆など、クリエイター向けのコンテ
ンツ開発および情報発信を行ってい
る。著書に『イラレのスゴ技 動画と
図でわかるIllustratorの新しいアイ
ディア』。（技術評論社）

X＠coro46

他、YouTubeやnoteでも情報を発
信。詳しくは各種SNSにて「イラレ
職人コロ」で検索。

［カスタマーセンター］
造本には万全を期しておりますが、万一、落丁・乱丁などがございましたら、
送料小社負担にてお取り替えいたします。お手数ですが、カスタマーセンターまでご返送ください。

［落丁・乱丁本などのご返送先］
〒101-0051　東京都千代田区神田神保町一丁目105番地
株式会社エムディエヌコーポレーション カスタマーセンター TEL：03-4334-2915

［書店・販売店のご注文受付］
株式会社インプレス　受注センター　TEL：048-449-8040／FAX：048-449-8041

［内容に関するお問い合わせ先］
株式会社エムディエヌコーポレーション カスタマーセンター メール窓口

info@MdN.co.jp

本書の内容に関するご質問は、Eメールのみの受付となります。
メールの件名は「イラレ職人コロが教える飾りのデザイン　Illustratorのアイデア　質問係」、
本文にはお使いのマシン環境（OS、バージョン、搭載メモリなど）をお書き添えください。
電話やFAX、郵便でのご質問にはお答えできません。
ご質問の内容によりましては、しばらくお時間をいただく場合がございます。
また、本書の範囲を超えるご質問に関してはお答えいたしかねますので、あらかじめご了承ください。

ISBN978-4-295-20230-1　C3055